黄河源区退化高寒草甸生态系统恢复研究

尹亚丽　李世雄　马玉寿　王玉琴　杨晓霞　著

中国农业科学技术出版社

图书在版编目（CIP）数据

黄河源区退化高寒草甸生态系统恢复研究 / 尹亚丽
等著. -- 北京：中国农业科学技术出版社，2021.10
ISBN 978-7-5116-5460-1

Ⅰ. ①黄… Ⅱ. ①尹… Ⅲ. ①高原-寒冷地区-
草甸-草原生态系统-生态恢复-研究-果洛藏族自治州
Ⅳ. ①S812.3

中国版本图书馆CIP数据核字（2021）第171844号

责任编辑	于建慧	
责任校对	李向荣	
责任印制	姜义伟	王思文
出　　版	中国农业科学技术出版社	
	北京市中关村南大街 12 号　邮编：100081	
电　　话	（010）82109708（编辑室）	
	（010）82109702（发行部）	
	（010）82109709（读者服务部）	
传　　真	（010）82106650	
网　　址	http://www.castp.cn	
经　　销	各地新华书店	
印　　刷	北京建宏印刷有限公司	
开　　本	148mm×210mm　1/32	
印　　张	6	
字　　数	150 千字	
版　　次	2021 年 10 月第 1 版　2021 年 10 月第 1 次印刷	
定　　价	48.00 元	

资助项目

国家自然科学基金项目

退化高寒草甸恢复过程中土壤微生物反馈机制研究（31560660）

青海省重大科技专项课题

高寒草地生态系统功能提升技术集成示范（2019-SF-A3-1）

青海省县域创新项目课题

黑土滩人工植被建植及植被恢复集成与示范（2019-XYCX-1）

青海省基础研究项目

1. 高寒草甸退化及修复过程中植被与土壤微生物互作机制研究（2016-ZJ-729）

2. 四季放牧制度下高寒草地植物−土壤−微生物碳氮磷化学计量特征研究（2019-ZJ-7070）

　　黄河源区位于青藏高原的东北部，与长江源区和澜沧江源区合称为三江源地区，平均海拔 3 500～4 800 m。黄河源区涉及青海、四川、甘肃 3 省的 6 个州、18 个县，总面积约 13.2×10^4 km²。黄河源区的面积虽然较小，然而它的影响却不容小觑，牵动着整个黄河流域。高寒草甸是发育在高原和高山的地带性植被类型，作为黄河源区的主要草地类型，对该区域气候调节、水源涵养、土壤形成与保护等生态系统服务的维持有重要影响，在保障区域生态安全格局和响应全球气候变化等方面发挥着重要作用。然而，因特殊的下垫面和大气过程，高寒草甸对气候变化以及人为干扰十分敏感，气候系统的微小波动都会使草地生态系统产生强烈的响应和反馈，进而导致群落结构、生物多样性和生态系统功能都发生很大的改变，也由此成为全球环境变化的敏感脆弱区。20 世纪 80 年代以来，由于超载放牧等人类经济活动和全球气候变化的共同影响，高寒草甸植被覆盖度降低，有害生物增加，草地生态系统持续退化。为了保护三江源区脆弱的生态环境，有效遏制草地退化，保持物种的多样性，涵养水源和减少水土流失，我国于 2005 年和 2014 年先后开展了三江源生态保护与建设一期工程和二期工程，累计投资约 235 亿元。

　　草地退化是生态系统结构失调、功能衰退、系统失衡的表现。退化草地生态系统修复不仅包含草地植被的修复，也包含土壤的修复。退化草地治理需统观生态系统全局，调整系统内各组分的结构比例以及它们之间的相互关系，通过外界人为干扰引导系统向健康方向恢复发展。2016 年 8 月，习近平总书记在青海考察时强调青海最大的价值在生态、最大的责任在生态、最大的潜力也在生态。青海生态地位重要而特殊，要坚持保护优先，尊重自然、顺应自然、保护自然。加强自然保护区建设，加强高寒草原建设，加强退牧还草建设，坚持自然恢复和人工恢复相结合。为此，本书根据青海省生态立省、青海省生态文明建设和三江源可持续发展战略的需求，紧紧围绕黄河源区草地生态环境保护和可持续发展重点，针对黄河源区草地退化、水土流失和草畜失衡等生态环境问题，紧密结合退化生态系统的恢复治理和可持续发展理论，以黄河源头的果洛藏族自治州为研究区域，应用土壤学、生态学、草业科学、恢复生态学、生态化学和微生物学等学科的系统理论，采用常规植被调查和生态化学计量等方法，结合现代基因测序技术，对高寒草甸退化演替机理与恢复治理生态效应进行了全面系统的研究。同时，依托团队近20年的研究积累和实践，对黄河源区高寒草甸生态系统的可持续发展进行了展望，期待本书能对相关领域科研工作者和江河源区生态环境保护与治理工程起到一定的支撑作用。

在书稿的撰写过程中，感谢参加野外工作的青海大学畜牧兽医科学院鲍根生副研究员、硕士研究生刘燕和赵文同学；感谢王宏生研究员和宋梅玲博士在室内分析过程中提供的实验平台；感谢项洋和马豆豆老师为实验提供的大型仪器共享服务。在此，谨向为本书提供帮助和支持的所有同行们致以衷心感谢！

全书共分六大部分，第一部分由李世雄撰写，第二部分由尹亚丽撰写，第三部分由尹亚丽和王玉琴撰写，第四部分由李世雄和尹亚丽撰写，第五部分由尹亚丽撰写，第六部分由马玉寿、李世雄、杨晓霞和尹亚丽撰写。

由于本书涉及生态学、草业科学、微生物学、土壤学、生态化学等多门学科，加之作者水平有限，对问题的认识和开展的研究工作不尽完善，疏漏和不当之处在所难免，恳请读者批评指正！

著　者

2021 年 4 月

目录
CONTENTS

5 / 黄河源区高寒草甸退化过程中生物、非生物因子的作用与反馈

6 / 黄河源区退化高寒草甸生态-生产功能协同恢复策略

绪　论

1.1　高寒草甸生态系统

黄河源区位于青藏高原的东北部，与长江源区和澜沧江源区合称为三江源地区，平均海拔 3 500～4 800 m。三江源地区独特的自然条件造就了独具特色的草地生态系统，基本涵盖了热带亚热带次生草地、高寒草地（含高寒草甸、高寒草原等）、荒漠草原、温带草原和沼泽化草甸等我国所有的草地类型，蕴藏着丰富的生物资源，面积约占青藏高原总土地的 51%。草甸是三江源区分布最广、面积最大的草地类型，主要分布在高山森林郁闭线以上、雪线以下，占据着青海各高山的中上部，在唐古拉山、巴颜克拉山、积石山、阿尼玛卿山和昆仑山均有广泛分布，其中，以高寒草甸类为主体（赵新全，2011；董全民等，2017）。

高寒草甸是亚洲中部高山及青藏高原隆起后所引起的寒冷、湿润气候的产物，是高原和高山的地带性植被类型（赵新全，2009），以密丛短根茎地下芽嵩草属植物建成的群落为主，是青藏高原和高山寒冷中湿气候的产物，是典型的高原地带性和山地垂直地带性植被。高寒草甸植物种类繁多，群落结构简单，草层低矮，生长密集，草质优良，为良好的夏季牧场。主要分布在青藏高原的东部和高原东南缘高山以及帕米尔高原、阿尔泰山、准格尔盆地以西山地和祁连山、天山等亚洲中部海拔在 3 200～5 200 m 的高山地区，约占三江源区各类草场面积的 50%（赵新全，2009；王秀红和傅小锋，2004；董全民，2017）。

高寒草甸作为三江源区的主要草地类型，对该区域气候调节、水源涵养、土壤形成与保护等生态系统服务的维持有重要影响，在保障区域生态安全格局和响应全球气候变化等方面发挥着重要的作用。然而，因特殊的下垫面和大气过程，高寒草甸对气候变化以及人为干扰十分敏感，气候系统的微小波动都会使草地生态系统产生强烈的响应和反馈，进而导致群落结构、生物多样性和生态系统功能都发生很大的改变（赵新全，2009），也由此成为全球环境变化的敏感、脆弱区。近年来，受全球气候变暖、草地超载放牧、采挖沙金和旅游区的开发及一些大的工程建设等日趋频繁的人类经济活动的共同影响，高寒草甸植被覆盖度降低，有害动物肆意妄为，毒害杂草入侵，草地生态系统持续退化。

1.2 高寒草甸退化现状

草地退化是在特定环境下草原生态系统逆行演替的过程，主要表现为草地植被衰退、土壤生境恶化、草地生产能力和生态功能下降。广义上将草地退化定义为天然草地在不利自然因素的影响下，由于过牧、刈割等不合理利用，或滥割、滥挖、樵采破坏草地植被，引起牧草生物产量减少，品质下降，草地利用性能降低，生态环境恶化，甚至失去利用价值的过程。草地退化包括草地的退化、沙化和盐渍化。

高寒草甸分布地区，气候严酷寒冷，牧草生长期短，植物群落结构简单，抗逆性弱、恢复力差，是具有全球意义的脆弱生态系统。近年来，受全球气候变化与人类活动的持续影响（Xu et al.，2017），同时，不合理的放牧管理和家畜数量与草地资源的不当匹配，使得草地严重超载，大面积的优良草地退化为"黑土滩（Black soil beach）"或"裸地（Bare land）"，草地沙化和盐碱化现象日益严重（王一博等，2005），生物多样性骤减，植被覆盖度下降，群落结构层次改变，优良牧草竞争、更新能力减弱，毒杂草比例增加，鼠虫害严重，草地生产力水平亟剧下降，导致环境持续恶化，生态系统严重失衡，草畜矛盾日益突出，畜牧业经济效益下降，这使得原本脆弱的高寒草甸遭受了更大的破坏（李秋年，2004）。

草地覆盖度下降、沙化和荒漠化是高寒草地退化的典型特征（刘林山，2006；张镱锂等，2006；Liu et al.，2006）。据统计，我国的草地退化和荒漠化面积已经分别达到 1.35×10^8 hm² 和 2.62×10^8 hm²，并且每年还在持续增加，黄河源头20世纪80—90年代平均草场退化速率比70年代增加了1倍以上（赵新全和周华坤，2005）。三江源区的草地已呈现全面退化的态势，中度及中度以上退化草地面积达 0.12×10^8 hm²，占该区可利用草场面积的58%（刘纪远等，2008）；"黑土滩"面积为 1.8×10^6 hm²，占退化草地面积的32.1%（陈国明，2005）。同20世纪50年代相比，三江源区高寒草地单位面积产草量下降了30%～50%，优质牧草比例下降了20%～30%，有毒有害类杂草增加了70%～80%，草地植被盖度减少了15%～25%（赵新全和周华坤，2005）。长时间、大范围的草地退化，草地生产力下降，生态系统结构和功能严重受损，其不仅阻碍了牧区社会、经济和生态环境的可持续发展，还严重威胁长江流域和黄河中下游地区的生态平衡与人类的生存发展（龙瑞军，2007）。

1.3 高寒草甸退化成因分析

高寒地区草原退化是内外因综合作用形成，草原生境的脆弱性是草原退化的内部因素，自然环境变化及生物因素干扰是草原退化的外部因素。自然环境变化包括气候变化和风蚀、水蚀等引致的自然灾害；生物因素包括人为长期过度放牧、滥采乱挖和鼠虫害等。气候变化和人类活动是导致草地退化、区域生态环境恶化的两大主要驱动力，鼠虫害对它们产生的影响起促进作用（赵志平等，2013）。联合国政府间气候变化专门委员会（IPCC）全球升温 1.5 ℃特别报告（2018）指出自工业化前的水平以来，全球已经变暖了 1 ℃。1961—2010 年三江源区具有极显著增温趋势，平均增速 0.35 ℃ /10 a，远大于全球平均水平 0.074 ℃ /10 a，且增温速率呈加快趋势；而年降水量总体呈下降趋势，但趋势不显著（赵志平等，2013）。关于气候变暖对草地退化的促抑效应尚存在争议，气候暖干化趋势使牧草返青推迟，枯黄期提前，植物不能有效完成生育周期，导致产出量下降、草群矮化、草畜矛盾加剧，从而为草地退化演替提供了条件（吕晓英和吕晓蓉，2002）。而赵志平等（2013）的气候模型模拟结果显示三江源区气候变化总体上有利于草地生产力的改善；气候变暖会使草地返青期提前，增强植被光合作用，有利于植物生长，提高植被生产力（朱宝文等，2012）。干珠扎布（2017）则认为，增温可以使早熟禾推迟返青，使高山嵩草推迟枯黄，物候期变化对生产力具有正效应，但由于增温对其具有直接的负效应，因此两者间存在抵消作用，温度升高不利于高寒草地优良牧草生物量积累，但植物可通过改变其生长进程和生活史对策，尽量减少增温引起的负面影响。然而，三江源区域为多年冻土和季节性冻土区域，气候的这种变化趋势使该区域多年冻土融区范围扩大，季节融化层增厚，甚至下降，多年冻土层完全消失，江河源区冰川普遍出现退缩和物质负均衡，根系层土壤水分减少，表土干燥，造成植被因干旱而退化，沼泽草甸因干旱而疏干；同时，冻土层的上界下降为鼠虫的越冬生存提供了温床，加速了鼠虫害的形成与发生，并使土壤结构、养分发生变化，从而使区域植被生态体系趋于退化，优势植物种群发生演替，草地生产力下降，草地大面积退化。

草地退化不只是天灾，更多的观点认为是人祸造成的。Brekke 等（2007）指出，气候变化只会导致草地产草量暂时下降，而草地长期过度放牧则会破坏草地生态系统的稳定性，过度放牧、滥垦滥伐、乱采乱挖及其引发的次生灾害等是高寒草地退化的主导因素。中国草原地区的发展关系民族和谐与社会稳定，这一点成为中国草地人文生态区别于世界其他草地的重要特征。牧民掠夺性使用草地，贫穷与恶劣的自然环境逐渐形成恶性循环。草地退化格局与草地超载过牧格局基本一致（Sonneveld et al.，2010）。据统计，果洛藏族自治州家畜年末存栏数在20世纪60年代后呈直线上升，至70年代达到最高值，相比50年代和60年代分别增加131.96%和57.23%。赵志平等（2013）的研究结果显示，果洛地区1982—2006年的植被 NDVI 与家畜年末存栏数存在极显著负相关关系，认为该区在60年代以来家畜年末存栏数急剧上升、草地长期超载过牧是区域草地退化的主要驱动因子。1988—2005年，青海三江源区夏季草场平均超载100%，冬季草场平均超载近200%，其中，果洛藏族自治州草地超载过牧现象尤其严重（Fan et al.，2010）。除此之外，沙金开采、药材挖掘、旅游区的开发及一些较大工程的建设等一系列以获取更多经济利益为目的的人为破坏活动也促使草地加速退化。据调查，冬虫夏草主产区有80%以上的农牧民家庭靠其增收，采集出售冬虫夏草收入占

牧民总收入的 50%～80%。据不完全统计，近几年仅青海省的鲜
虫草年产量在 $1×10^5$ kg，如果每千克按 4 000 根虫草计算，每挖
一根虫草损坏草皮约 30 cm²，一年损坏的草皮大约 $120×10^4$ m²。
加上人为的践踏及车辆碾压，一年损坏的草皮远超 $120×10^4$ m²
（杨兴康等，2018；拉结加，2012）。虫草采挖导致草地表土裸露
面积逐年加大，水土流失加剧，生态环境严重破坏。另据探测数
据显示，在青海省东北部的牧场之下，拥有储量为 35 亿 t 的优质
煤资源，占青海省总煤炭资源储量的 87.3%。截至 2013 年，矿区
开采面积总计已经达 42.6 km²，开采作业已经在高原上挖出约百
米深的沟壑（图 1.1），该区域的大面积露天采煤，已经严重破坏
了当地的高山草甸、冻土层和湿地，三河源头（即疏勒河、布哈
河和大通河）生态环境发生剧变（马文和邬海涛，2015）。草地长
期超载过牧、载畜压力过高，有限的草地资源和人类无限制的利
益获取是草地退化的主要原因，而由人类活动引发的有害生物的
猖獗对草地退化起了进一步推动作用。

图 1.1　矿物资源开采对高寒草甸的破坏（马文和邬海涛，2015）

1.4 退化高寒草甸植被-土壤-微生物系统研究的意义

环境不仅决定生命存在的条件，而且生物也会影响环境中普遍存在的条件。植被是覆盖地表的植物群落的总称，能进行光合作用，将无机物转化为有机物，可独立生活的一类自养型生物。植被类型能直接影响土壤形成的方向；反过来，土壤性质的变化又能促使植被类型发生改变，植被类型与土壤类型间呈现出密切的关系。同时，土壤是人类赖以生存发展的物质基础，土壤微生物是土壤具有生命力的根本，是维系陆地生态系统地上-地下相互作用的纽带。受地上生物多样性和土壤环境的影响，土壤微生物多样性既代表着土壤的生物活性（李欣玫等，2018；Ge et al.，2010；曹永昌等，2017；陈悦等，2018），也反映了土壤生态胁迫机制对其微生物群落的影响（Yang and Chen，2009；田春杰等，2003；杨有芳等，2017）。近年来，随着对退化高寒草甸生态系统研究的深入，作为草地生态系统组成、结构、功能与过程研究中最不确定因素的地下部分为越来越多的科学家所重视（Ayten et al.，2010；胡雷等，2014；曾智科，2009）。传统的土壤微生物数量研究采用平板培养计数法，受培养基质和培养条件及某些微生物的不可培养性等因素影响，导致土壤微生物不能完整反映，引致实验结果偏差。高通量宏基因组技术的发展为微生物群落的研究提供了前所未有的机遇（Yang et al.，2013），土壤环境因子和细菌-真菌的相互作用影响全球土壤菌群的丰度、结构和功能（Mohammad et al.，2018），巨大的土壤微生物资源挖掘与利用已经成为国际上高度关注的新兴交叉前沿方向。对不同退化演替阶段及不同修复措施下高寒草甸植被特征、土壤性质与土壤微生物物种组成、群落结构及土壤微生物功能代谢等进行系统研究，探究高寒草甸土壤-微生物间碳氮磷等元素的生态化学循环规律，解析草地植被、土壤微生物群落结构和功能特征、土壤性质及酶活性对草地退化的贡献与响应机制，明确退化草地生态系统中土壤、真菌和细菌之间的网络调控关系，为高寒草甸生态系统修复、生物多样性保护及微生物资源挖掘利用提供理论支撑。

2

研究区域概况及研究方案

2.1 实验地概况

实验地位于三江源国家自然保护区青海省果洛州玛沁县大武镇（34°27′56.9″N，100°13′6.5″E，海拔约3 740 m）。该区昼夜温差大，全年日照时间短，太阳辐射强，寒冷、多风，属典型的高原大陆性气候。年平均气温（T）为-3.9 ℃，≥5 ℃的年积温850.3 ℃，最冷月1月的平均气温为-12.6 ℃，最热月7月的平均气温为9.7 ℃；年降水量为513.2～542.9 mm，多集中于5—9月，占年降水量的85.2%，年蒸发量为2 471.6 mm。牧草生长期约为156 d，全年无绝对无霜期。草地为高寒草甸，土壤为高山草甸土。

2.2 实验设计

参照马玉寿等（2002）分类标准（表2.1），依据草地植被覆盖度、可食用牧草比例和草场质量等指标，在气候及土壤状况基本一致的高寒草甸选择未退化（Non-degradation，ND）、轻度退化（Light Degradation，LD）、中度退化（Moderate Degradation，MD）、重度退化（Sever Degradation，SD）和极重度退化——黑土滩草地（Extreme-Degradation，ED）为不同退化程度处理（表2.2），处理样地间距 1 000～2 000 m，每处理面积约 2 000 m²，划分为 4 个小区作为重复，共 5 个处理，20 个小区。

表 2.1　江河源区退化草地评价等级标准（马玉寿，2002）

项目	植被盖度（%）	产草量比例（%）	可食牧草比例（%）	可食牧草高度变化（cm）	草场质量
原生植被	80～90	100	70	25	标准
轻度退化	70～85	50～75	50～70	下降 3～5	下降 1 等
中度退化	50～70	30～50	30～50	下降 5～10	下降 1 等
重度退化	30～50	15～30	15～30	下降 10～15	下降 1～2 等
极度退化	<30	<15	几乎为零	—	极差

表 2.2　样地基本情况

退化程度	海拔高度（m）	纬度	经度	主要植物组成
未退化	3 779	34°27′53.17″N	100°12′7.61″E	莎草科、禾本科
轻度退化	3 774	34°27′51.57″N	100°12′9.98″E	莎草科、禾本科、蓼科
中度退化	3 774	34°27′38.22″N	100°12′36.14″E	莎草科、菊科、杂类草
重度退化	3 738	34°27′51.85″N	100°12′49.63″E	莎草科、菊科、杂类草
黑土滩	3 742	34°28′2.15″N	100°12′37.29″E	菊科、蔷薇科、杂类草

2017 年 8 月，在各试验小区随机调查 4 个 50 cm × 50 cm 的样方植被群落特征，并测定样方内草地植物地上生物量和地下生物量。同时，采用蛇形取样法，以直径 3.5 cm 的土钻，采集 0～10 cm

和 10～20 cm 土样，每试验小区 5～8 点土壤混合为 1 个土样，捡除枯物、石粒及植物根系等，分成 3 份，1 份室内风干后，用于土壤理化性质及酶活性测定，2 份冰盒取回，分别于 4 ℃和 -80 ℃低温保存，用于土壤微生物碳源利用分析和土壤微生物高通量测序。

2.3　研究内容与方法

2.3.1　高寒草甸退化过程中植被群落特征研究

对高寒草甸未退化、轻度退化、中度退化、重度退化和黑土滩退化草地植物物种组成、群落结构多样性、生物量等植被群落特征进行调查研究，以揭示草地植被群落特征对退化的响应规律，进而研究地上植被与土壤微生物特征和土壤理化性质等的相关性。

在 7—8 月植物生长季，对各试验小区草地植物物种多样性、丰富度、均匀度及生物量等植被群落特征进行调查。各处理实验地随机调查样方总数 16 个，目测样方内植被盖度，记录样方内植物物种数，每个物种随机选取 5～10 株，测定其高度，齐地面剪割后分别装入信封，室内于 105 ℃杀青处理 2 h，65 ℃恒温烘至恒重（约 48 h）后称其干重获得地上生物量。植被齐地面剪割后以直径 7 cm 的根钻在样方内打取 4 钻混合为 1 个根样，各处理共 4 份根样，河水冲洗泥沙、石粒等，分装入信封，65 ℃恒温烘干至恒重后称其干重获得地下生物量。

2.3.1.1　物种重要值

是度量群落水平反应的综合数量指标。

重要值 =（相对高度 + 相对盖度 + 相对干物质量）/300

2.3.1.2　Shannon-wiener 多样性指数（H' 指数）

用来估算群落多样性的高低。

$$H'=-\sum (P_i)(\ln P_i)$$

式中，p_i 为第 i 个种在全体物种中的重要性比例，如以个体数量而言，n_i 为第 i 个种的个体数量，N 为总个体数量，则有

$$p_i=n_i/N$$

2.3.1.3 Simpson 多样性指数（D 指数）

反映了群落中最常见的物种，评估群落丰富度。

$$D=1-\sum \{n_i(n_i-1)/[N(N-1)]\}$$

式中，N 为总个体数量；n_i 为第 i 个种的个体数量。

2.3.2 高寒草甸退化过程中草地土壤理化性质及酶活性研究

对高寒草甸未退化、轻度退化、中度退化、重度退化和黑土滩退化草地土壤含水量、pH 值、土壤碳氮磷化学计量特征及酶活性等进行研究，探究土壤特征对草地退化的响应过程，揭示土壤性质对土壤微生物区系及微生物结构和功能多样性的调控作用。

2.3.2.1 土壤含水量及酸碱度测定

新鲜土壤取回后去除石粒、枯物等杂质，采用烘干恒重称量法测定 25g 鲜土土壤含水量；并以干土 : 水为 1 : 5 测定土壤 pH 值。

土壤含水量（%）=（土壤鲜重 - 土壤干重）/ 土壤鲜重 ×100

2.3.2.2 土壤有机碳测定

采集的土壤样本室内阴干，过 0.25 mm 筛，采用 H_2SO_4-$K_2Cr_2O_7$ 硫酸-重铬酸钾外加热，硫酸亚铁滴定测定土壤有机碳。

土壤有机碳（g/kg）=［硫酸亚铁浓度 ×（空白值 - 测定值）×
0.003 ×1.1］×1 000/ 干土重

2.3.2.3 土壤氮、磷、钾化学计量特征分析

采集的土壤样本室内阴干，一部分过 0.25 mm 筛，采用硫酸铜-硫酸钾（10 : 1）-浓硫酸消解，凯氏定氮法进行土壤全氮测定；

采用碱熔融法测定土壤全磷和全钾。一部分过 1 mm 筛，采用碳酸氢钠浸提法测定土壤有效磷含量；采用醋酸铵-火焰光度法测定土壤速效钾含量；采用氯化钾浸提法测定土壤铵态氮和硝态氮含量。

TN（g/kg）＝［（测定值－空白值）× 消煮后定容体积 × 显色定容体积 / 分取消煮液体积］×10⁻³/ 风干土重（g）

TP（g/kg）＝（测定值－空白值）×（显色体积 / 显色吸取量）×（待测液总体积 / 风干土重）×0.001

TK（g/kg）＝（测定值－空白值）× 定容体积 × 分取倍数 / 风干土重

铵态氮（mg/kg）＝（测定值－空白值）× 提取液体积 / 风干土重

硝态氮（mg/kg）＝（测定值－空白值）× 提取液体积 / 风干土重

AP（mg/kg）＝（测定值－空白值）×（提取液总体积 / 土壤干重）×（显色定容体积 / 待测液取用体积）× 温度校正系数 1.1185

AK（g/kg）＝（测得值－空白值）× 提取液体积 × 分取倍数 / 风干土重

2.3.2.4　土壤脲酶、磷酸酶及蔗糖酶活性测定

土样取回室内阴干后迅速测定土壤酶活性。阴干土样过 1 mm 筛，采用苯酚钠-次氯酸钠比色法测定土壤中脲酶活性；采用磷酸苯二钠法测定土壤磷酸酶活性；采用 3, 5- 二硝基水杨酸比色法测定蔗糖酶活性（关松荫，1986）。

脲酶活性（mg/g·24 h）＝（样品－无土－无基质）× 显色液体积 ×（浸出液体积 / 吸取滤液体积）/ 风干土重

磷酸酶活性（mg/g·24 h）＝（样品－无土－无基质）× 显色体积 ×（浸出液体积 / 吸取滤液体积）/ 风干土重

蔗糖酶活性（mg/g·24 h）＝（样品－无土－无基质）× 显色体积 ×（浸出液体积 / 吸取滤液体积）/ 风干土重

2.3.3 高寒草甸退化过程中土壤微生物特征研究

研究高寒草甸未退化、轻度退化、中度退化、重度退化和黑土滩退化草地土壤微生物生物量及微生物物种组成、微生物群落结构及功能多样性等指标的变化规律，明确退化高寒草甸土壤微生物碳源指纹代谢特征，揭示土壤微生物物种组成、群落结构和功能结构多样性对草地退化的应变机理。

2.3.3.1 土壤微生物生物量碳氮磷化学计量特征分析

新鲜土样取回后随即进行微生物量测定。采用氯仿熏蒸-硫酸钾浸提法对各试验区 0～10 cm 和 10～20 cm 土壤微生物量碳、氮进行提取（吴金水等，2006），采用常规硫酸亚铁滴定法和凯氏定氮法测定不同土层土壤微生物生物量碳、氮含量。

土壤微生物生物量碳（mg/kg）= 熏蒸土壤有机碳 − 未熏蒸土壤有机碳

土壤有机碳 =（滴定空白所耗 Fe_2SO_4 体积 − 滴定样品所耗体积）× Fe_2SO_4 浓度 × 3 × 1.08 × 1 000 ×（提取液总体积 / 分取体积）/ 土壤干重

土壤微生物生物量氮（mg/kg）= 熏蒸土壤全氮 − 未熏蒸土壤全氮

土壤全氮 =［（测定值 − 空白值）× 消煮后定容体积 × 显色定容体积 / 分取消煮液体积］×（提取体积 / 分取体积）/ 土壤干重

2.3.3.2 草地退化过程中土壤微生物碳源利用能力测定

采用 Biolog-Eco 法分析各实验地不同土层土壤微生物对 31 种碳源的利用能力。将 4 ℃保存的土壤样品于采样一周内进行分析，称取 10 g 新鲜土壤样品至 90 ml 无菌蒸馏水中，室温下 200 r/min 振荡 20 min，确保所有孢子均混合均匀。土壤悬液按照 1∶10 梯度连续等倍稀释至 1∶1 000，摇匀后，让土壤颗粒沉降 30 min；每个孔取 150 μl 最终稀释液加至 31 种碳源的 96 孔 ECO 板，在 25 ℃黑暗条件下恒温培养，每 24 h 读数 1 次，连续测定 168 h，取 590 nm 的 OD 值和 750 nm 的 OD 值的差值，计算 AWCD、U、H 和 D 指数。

（1）平均颜色变化率（AWCD） 反映了土壤微生物群落碳源代谢能力的高低，是土壤微生物活性和多样性大小的一个重要指标：

$$AWCD = \sum (C-R)/n$$

式中，C 为 31 孔每孔的吸光值；R 为对照孔吸光值；n 为碳源种类数 31。

（2）McIntosh 指数（U 指数） 用来衡量群落均一性程度：

$$U = \sqrt{\left(\sum n_i^2\right)}$$

式中，n_i 为 31 种碳源的平均值。

（3）Shannon-wiener 物种丰富度指数（H' 指数） 反映物种丰富程度：

$$H' = -\sum p_i \ln p_i$$

式中，P_i 为每个孔吸光度 / 所有吸光度之和。

（4）Simpson 优势度指数（D 指数） 反映了群落中最常见的物种，评估微生物群落优势度：

$$D = 1 - \sum P_i^2$$

式中，P_i 为每个孔吸光度 / 所有吸光度之和。

2.3.3.3 草地退化过程中土壤微生物群落及功能特征研究

本研究的测序和生物信息服务在广州基迪奥生物科技有限公司 Illumina PE250 平台完成。采集的新鲜土壤样本 -80 ℃保存，于 2017 年 12 月底干冰运输至测序公司。采用 HiPure Soil DNA Mini Kit（Magen 公司，中国广州）提取土壤微生物 DNA。取 2 μl DNA 样品，采用 NanoDrop 微量分光光度计（NanoDrop 2000，美国 Thermo Fisher）测定核酸的 OD 值，检测核酸的纯度。采用琼脂糖（1%

agarose）凝胶电泳检测核酸样品的完整性和蛋白污染程度。取 2 μl DNA 样品，采用 Qubit 荧光定量（Qubit 3.0，美国 Thermo Fisher）检测每一个样品的 DNA 浓度，并根据浓度定量结果计算样品 DNA 总量。采用微生物 Marker 基因高通量测序评估微生物群落结构和多样性。细菌为 16S rRNA 基因的 V3+V4 区；真菌为 ITS rRNA 基因的 ITS2 区，扩增引物为 KYO2F：GATGAAGAACGYAGYRAA 和 ITS4R：TCCTCCGCTTATTGATATGC 测定。

测序得到的 Rawreads，通过原始数据过滤，Tags 拼接、去嵌合体，对 N50、N90 Tags 由长到短加和，最终在有效 Tags 样本中随机选取 8 万～9.2 万 Tags 开展 OTU（Operational Taxonomic Units）聚类分析（He et al.，2016）。用 Uparse 软件对所有样品的全部有效 Tags 序列聚类，以 97% 的一致性（Identity）将序列聚类成为 OTU 结果，并计算出每个 OTU 在各个样品中的 Tags 绝对丰度和相对信息（Li et al.，2016）。选取比较分组平均丰度＞1 的所有 OTU（即高丰度并集 OTU）进行 Venn 分析。Uparse 软件在构建 OTU 的过程中会选取代表性序列（OTU 中丰度最高的 Tag 序列），将这些代表性序列集合用 RDP Classifier 的 Naive Bayesian assignment 算法，与 Silva（Quast et al.，2013）数据库进行物种注释（设定置信度的阈值为 0.8～1）（Zhou et al.，2012）。根据 OTU 的物种注释信息，统计每个样品在各个分类水平（界、门、纲、目、科、属、种）上的 Tags 序列数目，通过 Metastats 软件检验两组样品间微生物群落丰度的差异。基于 OTU 计数统计，利用 Bray–Curtis 距离系数分析土壤微生物群落差异。采用 Tax4Fun 对土壤细菌 KEGG Pathways 功能基因进行注释，采用 Faprotax 对土壤细菌生态功能进行预测，采用 Funguild 对土壤真菌进行功能注释。

（1）Chao1 指数　Chao1 指数是用 Chao1 算法估计群落中含 OTU 数目的指数，在生态学中常用来估计物种总数。

$$Chao1=Sobs+F_1（F_1-1）/2（F_2+1）$$

式中，Sobs 表示样本中观察到 OTU 数目；F_1 是样本中数量只为 1 的 OTU 数目（称为 Singleton）；F_2 是样本中数量只为 2 的 OTU 数目（称为 Doubleton）。

（2）Shannon-wiener 多样性指数（H' 指数） 用来估算群落多样性的高低。

$$H'=-\sum_{i=1}^{Sobs}\frac{n_i}{N}\ln\frac{n_i}{N}$$

式中，Sobs 为实际测出的 OTU 数目；n_i 为含有 i 条序列的 OTU 数目；N 为所有的序列数。

（3）Simpson 多样性指数（D 指数） 反映了群落中最常见的物种，评估微生物群落丰富度。

$$D=1-\sum_{i=1}^{Sobs}P_i^2$$

式中，Sobs 为实际测出的 OTU 数目；P_i 为种 i 的个体在群落中的比例；P_i^2 表示随机取 2 个个体为同种的概率。

2.3.4 高寒草甸退化过程中植被、土壤环境因子与微生物的网络调控关系

采用 Mantel test、RDA 及 VPA 等的分析，探究植被群落特征、土壤物理和化学等环境因子与土壤微生物之间的相互作用，掌握土壤微生物的组成、格局与其驱动因子的耦联关系，揭示草地植被、土壤微生物群落结构和功能多样性，土壤性质及酶活性对草地退化的贡献与响应机制，解析草地退化过程中土壤环境因子和土壤细菌、真菌的相互作用及其网络调控关系。

2.3.5　数据分析

采用 Excel 2010 进行数据整理，采用 SPSS 17.0 对数据进行 PCA 主成分分析、Pearson 相关性分析、逐步回归分析、Kruskal-Wallis 秩和检验、单因素（one-way ANOVA）、Duncan 方差分析和多重比较（$\alpha=0.05$）；采用 R 3.5.2 进行微生物物种组成及多样性、Venn、NMDS、Adonis 和 Anosim、VPA 及 Mantel test 分析；采用 Canoco 进行 RDA 分析；采用 Cytoscape 进行网络互作分析。利用 Sigmaplot 14.0 和 R 3.5.2 软件作图，图表中数据为平均值 ± 标准差。

3

黄河源区高寒草甸
土壤–植物系统对草地退化的响应

3.1 退化高寒草甸植被生产力及群落特征的演替动态

植被是覆盖地表的植物群落的总称，能进行光合作用，将无机物转化为有机物，可独立生活的一类自养型生物。植被类型能直接影响土壤形成的方向；反过来，土壤性质的变化又能促使植被类型发生改变，植被类型与土壤类型间呈现出密切的关系。

分析以往文献发现，关于不同程度退化高寒草甸植被群落特征的研究集中于近 20 年间（1999—2019 年），对于植被覆盖度、重要值及物种组成的研究，国内外学者普遍认为随草地退化程度加剧，草地盖度显著降低，优良牧草占比下降、重要值降低，杂类草占比升高、重要值增大，草地物种组成出现较大分异，草地植物由禾本科、莎草科植物向菊科、蓼科及其他杂类草演替（刘育红等，2018；李成阳等，2019；王文颖等，2001；李海英等，2004；柳小妮等，2008；刘玉等，2013；赵玉红等，2012；温军等，2012），草地质量恶化。

3.1.1 高寒草甸植被群落特征对草地退化的响应

在不同退化程度高寒草甸共发现草本植物 48 种（表 3.1），随着草地退化程度的加重，植物物种由莎草科和禾本科植物向菊科和其他有毒有害草物种方向演替。物种重要值大于 5 的植物在未退化草地仅有线叶嵩草（*Kobresia capillifolia*），为 20.84；轻度退化草地有线叶嵩草、珠芽蓼（*Polygonum viviparum*）、黄帚橐吾（*Ligularia virgaurea*）和异针茅（*Stipa aliena*），其物种重要值分别为 14.92、13.8、8.77 和 7.81；中度退化草地有线叶嵩草、矮嵩草（*Kobresia humilis*）、矮火绒草（*Leontopodium nanum*）和黄帚橐吾，其物种重要值分别为 14.08、5.67、5.28 和 14.84；重度退化草地有线叶嵩草、矮嵩草和细叶亚菊（*Ajania tenuifolia*），其物种重要值分别为 8.13、10.56 和 6.52；黑土滩草地有鹅绒委陵菜（*Potentilla anserine*）、细叶亚菊和黄帚橐吾，其物种重要值分别为 7.75、15.09 和 10.5。随着草地退化程度的加重，线叶嵩草在群落中的优势呈下降趋势，杂类草和毒害草物种数则呈上升趋势，杂类草和毒害草的物种重要值不断增加。

表 3.1　不同退化程度高寒草甸植物种类及物种重要值

植物种类		重要值				
		ND	LD	MD	SD	ED
莎草科 Cyperaceae	线叶嵩草 *Kobresia capillifolia*	20.84	14.92	14.08	8.13	0.38
	矮嵩草 *Kobresia humilis*	1.41	2.17	5.67	10.56	4.03
	干生苔草 *Carex aridula*	4.65	0.92	4.07	0.64	1.10
	青藏苔草 *Carex moorcroftii*	—	—	—	1.32	—

（续表）

植物种类		重要值				
		ND	LD	MD	SD	ED
禾本科 Gramineae	双叉细柄茅 *Ptilagrostis dichotoma*	3.88	4.55	1.22	—	—
	垂穗披碱草 *Elymus nutans*	3.84	3.64	3.11	3.63	1.01
	异针茅 *Stipa aliena*	1.90	7.81	—	—	—
	高原早熟禾 *Poa alpigena*	—	—	—	1.56	0.79
	芒洛草 *Koeleria litvinowii*	—	1.28	2.32	—	—
菊科 Compositae	美丽风毛菊 *Saussurea superba*	3.08	0.19	1.60	—	—
	矮火绒草 *Leontopodium nanum*	0.41	—	5.28	1.66	0.99
	蒲公英 *Taraxacum mongolicum*	0.61	1.13	1.34	—	0.08
	条叶垂头菊 *Cremanthodium lineare*	0.03	—	—	—	—
	重齿风毛菊 *Saussurea katochaete*	—	0.02	—	—	—
	细叶亚菊 *Ajania tenuifolia*	—	—	1.78	6.52	15.09
	重冠紫菀 *Aster diplostephioides*	1.14	2.22	1.02	—	—
	乳白香青 *Anaphalis lactea*	—	0.26	0.32	3.89	1.06

（续表）

植物种类		重要值				
		ND	LD	MD	SD	ED
蓼科 Polygonaceae	珠芽蓼 *Polygonum viviparum*	2.68	13.80	0.87	—	—
	圆穗蓼 *Polygonum macrophyllum*	2.44	1.91	—	—	—
其他	刺芒龙胆 *Gentiana aristata*	2.00	2.25	—	—	—
	假水生龙胆 *Gentiana pseudo-aquatica*	0.81	1.48	0.93	1.08	—
	湿生扁蕾 *Gentianopsis paludosa*	1.98	4.99	—	—	—
	獐牙菜 *Swertia bimaculata*	1.31	1.07	1.44	1.95	0.54
	秦艽 *Gentiana macrophylla*	—	0.01	0.03	0.09	0.03
	小金莲花 *Trollius pumilus*	4.30	0.43	—	—	—
	条叶银莲花 *Anemone trullifolia*	0.08	0.07	—	—	—
	高原毛茛 *Ranunculus tanguticus*	0.01	—	—	—	—
	密花翠雀 *Delphinium densiflorum*	—	—	—	0.04	—
	唐松草 *Thalictrum aquilegifolium*	0.01	0.02	—	—	—

（续表）

植物种类		重要值				
		ND	LD	MD	SD	ED
其他	莓叶委陵菜 *Potentilla fragarioides*	3.98	3.95	2.38	0.29	—
	鹅绒委陵菜 *Potentilla anserina*	0.99	—	3.61	4.29	7.75
	棘豆 *Oxytropis carerulea*	0.02	0.02	0.11	0.03	0.02
	多枝黄芪 *Astragalus polycladus*	0.01	—	0.02	0.02	0.01
	米口袋 *Gueldenstaedtia verna*	0.03	0.03	0.01	0.01	—
	独一味 *Lamiophlomis rotata*	0.01	—	—	—	—
	锡金岩黄耆 *Hedysarum sikkimense*	0.03	0.01	—	—	—
	高山韭 *Allium sikkimense*	0.03	0.02	—	—	—
	青藏大戟 *Euphorbia altotibetica*	2.11	0.61	0.28	—	—
	小米草 *Euphrasia pectinata*	—	0.19	2.86	—	—
	车前 *Plantago asiatica*	—	—	—	—	0.03
	田葛缕子 *Carum buriaticum*	—	—	0.02	—	0.03
	白苞筋骨草 *Ajuga lupulina*	—	—	—	0.02	0.00

（续表）

植物种类	重要值				
	ND	LD	MD	SD	ED
黄帚橐吾 *Ligularia virgaurea*	—	8.77	14.84	2.97	10.50
甘肃马先蒿 *Pedicularis kansuensis*	2.50	2.67	0.52	—	1.50
青海刺参 *Morina kokonorica*	—	—	0.04	—	0.19
臭蒿 *Artemisia hedinii*	—	—	—	0.04	0.06
甘青乌头 *Aconitum tanguticum*	—	—	—	—	0.01
狼毒大戟 *Euphorbia fischeriana*	—	—	—	—	0.02

毒害草 Poisonous and harmful plants

随着草地退化程度的加重，物种丰富度指数显著降低，中度退化草地与其他草地间差异不显著（$P>0.05$）；黑土滩草地物种多样性指数和优势度指数均显著低于未退化、轻度退化和中度退化草地（$P<0.05$）；均匀度指数在各草地间均无显著差异（表3.2）。

表3.2 不同退化程度高寒草甸植被多样性

退化程度	物种丰富度指数	物种多样性指数	优势度指数	均匀度指数
ND	26 ± 1.375a	2.781 ± 0.094 8a	0.906 ± 0.012 4a	0.852 ± 0.035 0a
LD	28 ± 2.750a	2.784 ± 0.167 7a	0.911 ± 0.020 7a	0.842 ± 0.029 3a
MD	24 ± 1.375ab	2.696 ± 0.113 1a	0.907 ± 0.017 5a	0.846 ± 0.021 9a
SD	19 ± 2.750b	2.537 ± 0.150 9ab	0.894 ± 0.021 1ab	0.870 ± 0.015 6a
ED	19 ± 2.500b	2.344 ± 0.072 7b	0.863 ± 0.022 5b	0.809 ± 0.048 5a

注：同列不同字母表示差异显著（$P<0.05$）。

3.1.2 高寒草甸植被地上生物量对草地退化的响应

高寒草甸地上生物量因草地退化程度的不同而表现显著差异。其中，轻度退化草地地上生物量最高，与其他草地相比均表现显著差异；中度退化草地最低，显著低于未退化、轻度退化和重度退化草地；未退化、重度退化和黑土滩退化草地间差异不显著（图3.1）。

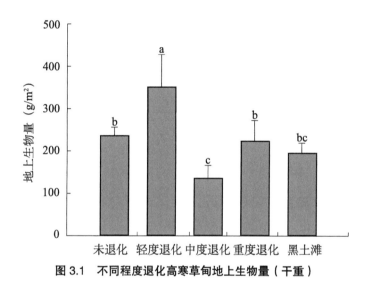

图3.1 不同程度退化高寒草甸地上生物量（干重）

3.1.3 高寒草甸植被地下生物量对草地退化的响应

0～20 cm土层地下生物量随着草地退化程度加剧而显著降低，其中，未退化和轻度退化草地极显著高于其他退化草地，高幅达6.87～13.24 kg/m^2（表3.3）。各实验地0～10 cm地下生物量均极显著高于10～20 cm地下生物量，草地80%以上的根集中在0～10 cm土层。同一土层地下生物量随草地退化程度加重呈递减趋势，在0～10 cm土层，未退化草地与轻度退化草地均极显著高于其他草地，中度退化草地与重度退化草地间差异不显著，但与黑土滩草地间差异显著；在 10～20 cm 土层，未退化和轻度退化草地地下生物量显著高于其他草地（$P<0.05$）。

表 3.3 不同退化程度高寒草甸地下生物量分布特征

退化程度	地下生物量（kg/m²）			0～10 cm 土层生物量占总生物量比值（%）
	0～10 cm	10～20 cm	0～20 cm	
ND	4.68 ± 0.46a	0.87 ± 0.09a	5.55 ± 0.24a	84.3
LD	3.49 ± 0.67ab	0.55 ± 0.05ab	4.04 ± 0.67b	86.4
MD	3.42 ± 0.63ab	0.50 ± 0.03a	3.92 ± 0.65b	87.2
SD	3.11 ± 0.24b	0.50 ± 0.23ab	3.61 ± 0.47b	86.2
ED	1.70 ± 0.50c	0.32 ± 0.09b	2.02 ± 0.57c	84.1

注：同列不同字母表示差异显著（$P<0.05$）。

3.1.4 讨 论

高寒草甸生态系统的退化，不仅导致草地植被群落物种组成发生巨大变化，并由此引致物种多样性的改变；同时，伴随着群落物种组成和多样性的变化，植被群落特征势必发生相应改变，植物优势种出现更替（赵玉红等，2012；Wu et al.，2008）。试验结果显示，随着草地退化程度的加重，草地植物物种组成由莎草科和禾本科植物向菊科及其他杂类草和有毒植物种方向演替，线叶嵩草、矮嵩草等优良牧草在群落中的优势逐渐下降直至消失。结果与前人研究结果一致，刘玉等（2013）对祁连山高寒草甸的研究指出，草地退化过程中优势种由高山嵩草向细叶亚菊过渡；刘育红等（2018）在果洛高寒草甸的研究也显示，在草地退化过程中，黄帚橐吾优势度上升，莎草科和禾本科优势度下降。高寒草甸的大面积严重退化导致严重的植物生物多样性丧失（周华坤等，2005），一方面可能与放牧家畜采食有关，草地退化与放牧强度密切相关，过度放牧造成优良牧草过度啃食、草地践踏严重，牧草连根拔起（李志丹，2004；张生楹等，2012），其分蘖生长点被破坏，引致其种群减少甚至消失，植物种间竞争格局改变引起稀有物种扩繁或建群物种的迁出；另一方面与物种生存微环境的改变有关，土壤 pH 值是植物生物多样性的主要决定因素之一（Rousk et al.，2009），草地退化后地表覆盖度下降，浅层土壤物理结构破坏、土壤团粒结构改变、养分流失，土壤中微生物群落结构与功能变化，引致土壤微环境改变（Li et al.，2016；周华坤等，2005；李亚娟等，2018；王洋，2012），进而导致植被物种组成的更替。强重的放牧压力往往导致少数高度抵抗放牧的物种占优势，这些物种的数量随着干扰的增加而增加（Cingolani et al.，2005）。由于它们的环境适应性和家畜不适口性，毒草开始占据主导地位（Yao et al.，2016）。此外，认为与铵态氮积累有关，NH_4^+-N 是植物吸收的主要氮源形式之一，但是大部分植物对 NH_4^+-N 都比较敏感，本研究表明，随草地退化铵态氮含量升高，高浓度 NH_4^+-N 能抑制植物生长，降低作物产量（Britto and Kronzuker，2002）。氨氧化作用细菌丰度升高，而亚硝酸盐氧化作用细菌丰度降低，使得硝化作用第一步产物 NH_4^+ 的氧化受到抑制，认为草地退化后期土壤出现了铵聚积现象，近年来，在欧洲，由于铵态氮沉降的加剧，NH_4^+ 毒害还被认为是森林面积降低，物种减少，甚至一些物种灭绝的因素之一（Krupa et al.，2003）。

草地植被地下生物量随退化的加重呈曲线下降趋势，高寒草甸80% 以上生物量集中在 0～10 cm 土层。认为中度退化阶段是草地植被退化的转折点，植被群落由莎草科优势过渡到杂类草优势（李成阳等，2019；张法伟等，2014），生存环境的变化加之植物自身生态-生物学的特性，引致植物自身光合作用产物分配比例的调整，以便更好地维持自身生长发育的需求。莎草类植物过大根冠比的生物学特性，阻滞了大部分竞争植物的扩繁（Miehe et al., 2008），形成了退化前期较低的地上／地下生物量比值；退化后期，随着根繁植物优势度的下降，保水能力降低，土壤养分流失，表土层剥蚀，出现大面积裸露现象，杂类草在群落中占据优势，引致草地总生物量的减少。

3.1.5 小 结

随着草地退化程度的加重，草地植物种由莎草科和禾本科植物向菊科及其他杂类草和有毒植物种方向演替，线叶嵩草等优良牧草在群落中的优势呈下降趋势，而细叶亚菊和黄帚橐吾等杂类草的重要值不断增加。草地退化过程中，物种丰富度指数显著降低，重度及黑土滩草地与未退化和轻度退化草地间差异显著；黑土滩草地物种多样性及优势度指数显著减小；均匀度指数无明显变化。草地植被地上生物量随退化的加重呈"M"形下降趋势，中度退化最低；各土层地下生物量均随退化程度加剧显著降低，高寒草甸80%以上生物量集中在0～10 cm土层，中度退化阶段是草地植被退化的转折点。

3.2 退化高寒草甸土壤生态化学计量特征

土壤具有高生物多样性、结构复杂性和空间异质性的特点，可为植物生活提供必需的养分和水分，作为植物赖以生长的物质基础，是陆地生态系统中营养物质循环和凋落物降解等过程的参与者和载体（Cleveland and Liptzin, 2007；字洪标等，2015；李鹏和赵忠，2002）。在青藏高原，高寒草甸植被退化是引致土壤退化的重要原因之一，其通过影响进入土壤的植物残体数量和质量，改变土壤的水分、空气、质地及热量状况等方式影响土壤养分的含量，进而影响土壤系统中植被和土壤的稳定性（周华坤等，2005），反过来土壤退化又引致更严重的植被退化（Zhou et al.，2005）。土壤退化导致了可用草地面积的减少，并通过自然栖息地的丧失、碎片化和孤立，导致生物多样性水平下降（Claudio，2018）。生态系统中，土壤在促进前一植被群落的灭亡同时也为后续群落演替创造了条件（李鹏和赵忠，2002；韦兰英和上官周平，2006）。土壤物理和化学性质及酶活性的变化能够直接反映植物与土壤环境相互作用的关系（李以康等，2012；Kandeler et al.，1999；曹成有等，2000）。

3.2.1　高寒草甸土壤含水量对草地退化的响应

各实验地 0～10 cm 土壤含水量均显著高于 10～20 cm 土层（图 3.2）。随着草地退化程度的加重，土壤含水量显著降低，0～10 cm 土层未退化和轻度退化与其他草地间差异显著，中度、重度和黑土滩退化草地间差异不显著（$P>0.05$）；10～20 cm 土层未退化草地土壤含水量显著高于其他草地，中度、重度和黑土滩退化草地间差异不显著。

3.2.2　高寒草甸土壤 pH 值对草地退化的响应

高寒草甸土壤 pH 值为 6～8.5，各实验地 0～10 cm 土壤 pH 值均显著低于 10～20 cm 土层，即随着土层加深土壤 pH 值基本呈升高趋势（图 3.3）。草地退化过程中，0～10 cm 和 10～20 cm 土层土壤 pH 值均呈上升趋势，0～10 cm 土层未退化和轻度退化草地显著低于其他草地，中度、重度和黑土滩退化草地土壤 pH 值无显著差异；10～20 cm 土层，土壤 pH 值由小到大依次为未退化＜轻度退化＜黑土滩＜重度退化＜中度退化，中度与重度退化草地间差异不显著，其他草地间均表现显著差异。

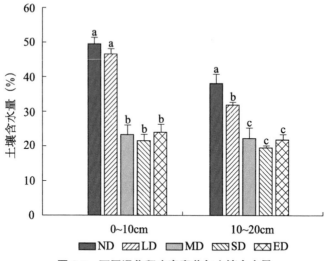

图 3.2　不同退化程度高寒草甸土壤含水量

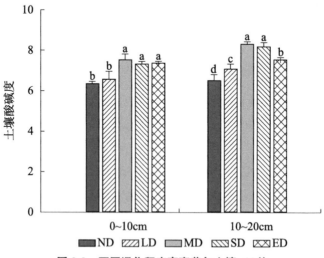

图 3.3　不同退化程度高寒草甸土壤 pH 值

3.2.3 高寒草甸土壤有机碳含量对草地退化的响应

各实验地 0～10 cm 土壤有机碳含量极显著高于 10～20 cm 土层，即随着土层加深，土壤有机碳含量急剧减小（图 3.4）。随草地退化程度的加重，0～10 cm 和 10～20 cm 土层土壤有机碳含量均呈下降趋势，在 0～10 cm 土层未退化和轻度退化草地土壤有机碳含量分别为 140.44 g/kg 和 129.58 g/kg，二者间差异不显著，但均显著高于其他草地，高幅达 79.21～91.76 g/kg，中度、重度和黑土滩退化草地间差异不显著；在 10～20 cm 土层，土壤有机碳含量变化趋势与 0～10 cm 相似，未退化和轻度退化草地土壤有机碳含量分别为 61.68 g/kg 和 55.51 g/kg，均显著高于其他草地，高幅达 21.85～36.48 g/kg，但二者间未表现显著差异，中度、重度和黑土滩退化草地间无显著差异。

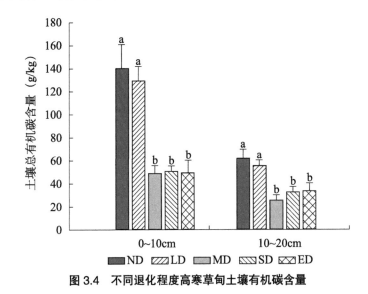

图 3.4 不同退化程度高寒草甸土壤有机碳含量

3.2.4 高寒草甸土壤全效养分对草地退化的响应

各实验地 0～10 cm 土壤全氮含量均显著高于 10～20 cm，即随着土层加深土壤全氮含量显著降低（表3.4）。随草地退化程度加重，0～10 cm和10～20 cm土层土壤全氮含量均呈先降低后升高的变化趋势，两土层未退化和轻度退化草地土壤全氮含量均显著高于其他草地（$P<0.05$），中度、重度和黑土滩退化草地间均无显著差异（$P>0.05$）。

表3.4　不同程度退化草地土壤全氮、全磷、全钾含量　单位：g/kg

退化程度	0～10 cm		
	全氮 TN	全磷 TP	全钾 TK
ND	12.30 ± 0.76a	0.75 ± 0.10a	15.74 ± 0.46c
LD	11.87 ± 0.89a	0.79 ± 0.03a	16.26 ± 0.78c
MD	3.71 ± 0.25b	0.56 ± 0.02b	21.37 ± 0.44a
SD	5.00 ± 0.30b	0.81 ± 0.03a	19.16 ± 0.43b
ED	5.30 ± 1.36b	0.81 ± 0.04a	19.37 ± 0.58b
退化程度	10～20 cm		
	全氮 TN	全磷 TP	全钾 TK
ND	6.51 ± 0.67a	0.69 ± 0.01a	18.89 ± 0.23bc
LD	5.56 ± 0.75a	0.61 ± 0.03b	19.58 ± 0.04b
MD	2.45 ± 0.63b	0.51 ± 0.01c	22.06 ± 0.42a
SD	3.18 ± 0.28b	0.72 ± 0.02a	19.45 ± 0.39b
ED	3.56 ± 0.15b	0.68 ± 0.02a	18.72 ± 0.41c

注：同列不同字母表示差异显著（$P<0.05$）。

各实验地0～10 cm土壤全磷含量均显著高于10～20 cm，即随着土层加深土壤全磷含量显著降低。随草地退化程度加重，0～10 cm和10～20 cm土层土壤全磷含量均呈先显著降低后显著升高的变化趋势，两土层中度退化草地土壤全磷含量均显著低于其他草地，其中，在0～10 cm土层，未退化、轻度、重度和黑土滩退化草地间无显著差异，在 10～20 cm 土层，轻度退化草地与未退化、重度和黑土滩退化草地间差异显著。

随草地退化程度加重，0～10 cm 和 10～20 cm 土层土壤全钾含量均呈先显著升高后显著降低的变化趋势，与全氮、全磷变化趋势相反，两土层中度退化草地土壤全钾含量均显著高于其他草地，且在 0～10 cm 土层未退化和轻度退化草地与重度和黑土滩退化草地间差异显著，其他草地间无显著差异；在 10～20 cm 土层，黑土滩退化草地土壤全钾含量最低，与轻度退化和重度退化草地相比差异显著，与未退化草地间差异不显著。

3.2.5 高寒草甸土壤速效养分对草地退化的响应

在 0～10 cm 土层，随草地退化程度加重，土壤铵态氮呈折线变化趋势。未退化和轻度退化草地显著低于中度退化、重度退化和黑土滩退化草地；中度退化显著高于重度退化草地，其他草地间差异不显著（$P>0.05$）。在 10～20 cm 土层，随草地退化程度加重，土壤铵态氮呈折线下降趋势。未退化草地最高，中度退化草地次之，二者均显著高于轻度退化和黑土滩退化草地，其他草地间未见显著差异（图 3.5）。

在 0～10 cm 土层随草地退化程度加重，土壤硝态氮含量显著升高（$P<0.05$）。重度退化和黑土滩退化草地土壤硝态氮含量显著高于未退化、轻度退化和中度退化草地，重度退化与黑土滩退化，未退化、轻度退化和中度退化草地间均无显著差异（图 3.6）。与 0～10 cm 变化趋势相似，在 10～20 cm 土层，随草地退化程度加重，土壤硝态氮含量呈显著升高变化趋势（$P<0.05$）。重度退化和黑土滩退化草地土壤硝态氮含量显著高于其他草地，未退化草地土壤硝态氮含量最低，与中度退化、重度退化和黑土滩退化草地间差异显著（$P<0.05$），轻度退化草地土壤硝态氮含量与中度退化草地

间差异不显著。

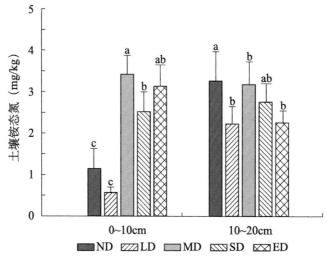

图 3.5　不同退化程度高寒草甸土壤铵态氮含量

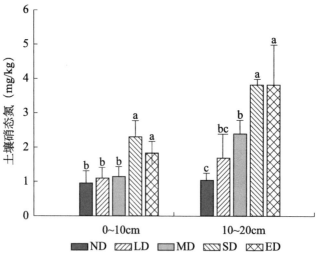

图 3.6　不同退化程度高寒草甸土壤硝态氮含量

所有草地 0～10 cm 土层土壤速效磷含量均高于 10～20 cm 土层。在 0～10 cm 土层，土壤速效磷含量随草地退化程度的加重呈"N"形变化趋势，轻度退化草地土壤速效磷含量最高，其次是未退化草地，二者均显著高于中度退化、重度退化和黑土滩退化草地（$P<0.05$）；中度退化草地最低，与未退化、轻度退化和黑土滩退化草地间均表现显著差异（图 3.7）。在 10～20 cm 土层，黑土滩退化草地土壤速效磷含量最低，重度退化草地土壤速效磷含量最高，但在 95% 置信区间，各草地间均无显著差异。

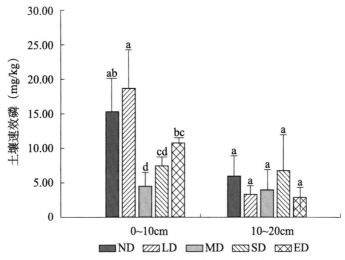

图 3.7　不同退化程度高寒草甸土壤速效磷含量

各草地 0～10 cm 土层土壤速效钾含量均高于 10～20 cm 土层。在 0～10 cm 土层，中度退化草地土壤速效钾含量最低为 141.75 mg/kg，与轻度退化、重度退化和黑土滩退化草地间差异显著（$P<0.05$）；黑土滩退化草地土壤速效钾含量最高为 224.37 mg/kg，显著高于未退化、中度退化和重度退化草地（$P<0.05$），与轻度退化草地间差

异不显著；轻度退化草地土壤速效钾含量为 212.88 mg/kg，与未退化和中度退化草地相比差异显著（图 3.8）。在 10～20 cm 土层，随草地退化程度加重，土壤速效钾含量呈"V"形变化趋势，重度退化草地土壤速效钾含量最低，为 45.65 mg/kg，与其他草地相比均存在显著差异（$P<0.05$）；未退化、轻度退化、中度退化和黑土滩退化草地间均无显著差异。

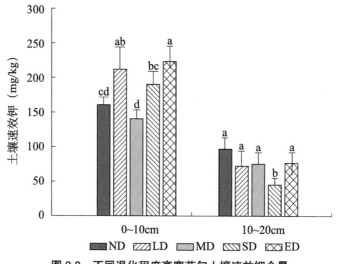

图 3.8 不同退化程度高寒草甸土壤速效钾含量

对不同退化阶段土壤碳∶氮∶磷进行分析，未退化、轻度退化、中度退化、重度退化和黑土滩退化草地 C∶N∶P 分别为 140∶12∶0.75（187∶16∶1）、130∶12∶0.79（165∶15∶1）、48∶4∶0.56（86∶7∶1）、50∶5∶0.81（62∶6∶1）和 48∶5∶0.8（60∶7∶1），即草地退化过程中土壤 C∶N∶P 明显降低。

3.2.6 讨 论

土壤是地球脆弱的皮肤，是地球上所有生命的支柱，创造了一个动态和复杂的生态系统，是人类最宝贵的资源之一。草地退化与土壤退化同步发生，且草地退化会引起土壤物理特性和营养因子的变化（Wu et al.，2014），导致严重的表土流失以及随之而来的养分、碳的流失和孔隙度的减少（Gregory et al.，2015）。本研究中，伴随草地退化程度的加剧，土壤含水量显著降低，而土壤 pH 值则在中度退化草地最高。一方面，因退化过程中植被盖度降低，阳光直射地表，土壤温度骤升，水分蒸发强烈所致（周华坤，2005；杨元武等，2016）；另一方面，还与土壤物理结构改变有关，草地退化，土壤中黏粒减少沙粒增加（Li et al.，2016），导致土壤保水能力下降；此外，还与土壤有机质含量的减少有关，Gregory 等（2009）报道指出，土壤有机质含量下降可以使土壤水分保持能力降低 10%，土壤有机质低可引致较少的渗透和较大的地表径流。土壤 pH 值是植物生长的重要指标（Claudio，2018），草地退化前期土壤 pH 值的升高，可能是因退化导致植被覆盖度降低，土壤盐碱化，草地退化越严重，土壤碱性越强（张生楹等，2012）；草地退化后期，草地有害动物数量增多，活动加剧，输入土壤的排泄物相应增加，导致土壤 pH 值出现下降趋势。

草地退化前期，土壤有机碳含量随草地退化程度加重亟剧减少，到中度退化后，TOC 含量无明显变化。此结果与前人研究结果一致（周华坤等，2005；罗亚勇等，2012；赵云等，2009；周丽等，2016），草地地上植被盖度及生物量减少，土壤表层枯枝落叶及腐殖层减少，加之土壤中植物根量减少，输入土壤中可被分解利用的有机质减少，导致土壤有机碳出现急剧下降趋势，植物根系对土壤有机碳的贡献率超出地上部分（Schmidt et al.，2011；Yang et al.，2009，2010）；草地退化后土壤团聚体稳定性降低，土壤有机碳的物理保护作用减弱（王洋，2012；Gregory et al.，2015）；此外，对于高寒草甸，退化程度越大，CH_4 消耗和 CO_2 排放越大，重度退化高寒草甸的 CH_4 消耗量分别是未退化和中度退化草地的 6.6～21 倍和 1.1～5.25 倍，CO_2 排放量分别是未退化和中度退化草地的 1.05～78.5 倍和 1.04～6.28 倍，CH_4 和 CO_2 通量与气温、土壤温度和表土（0～5 cm）水分呈显著正相关（Wang et al.，2010）。土壤碳的下降由土壤微生物组成和活性的变化驱动。暴露在高浓度 CO_2 下的土壤具有较高的真菌相对丰度和较高的土壤碳降解酶活性，这导致土壤有机质的降解速率比暴露在环境 CO_2 下的土壤更快。微生物脂肪酸的同位素组成证实，CO_2 浓度升高提高了土壤有机质的微生物利用率（Carney et al.，2007）。

　　草地退化演替过程中，土壤全效和速效养分均在中度退化阶段出现拐点。究其原因，首先，认为在中度退化阶段，相比未退化和轻度退化草地，动物数量无节制的增长超出了草地承载能力，因放牧压力加大导致土壤网络孔隙度变小，土壤压实作用增加了对有机质和微生物生物量的保护，压实作用造成放牧线虫无法进入，较小孔隙中的有机质和微生物生物量得到了更多的物理保护，使土壤氮素矿化减少（Breland and Hansen，1996；李亚娟等，2018），加之反硝化和氨挥发及径流等作用，导致元素损失（Gregory et al.，2009）；中度退化后，土壤中沙粒含量增加，黏粒含量减少（Li et al.，2016），土壤保墒能力降低，造成氮钾元素淋溶损失。随着草地退化植物生物量和土壤团聚体减少（Li et al.，2016），养分淋失的潜力可能会增加，并导致养分的流失（Bronick and Lal，2005）。其次，与草地植被吸收有关，本研究中，中度退化草地地上生物量最低，为 136.05 g，植被自土壤中吸收较少，相对其他草地土壤中钾素富集，而到退化后期，随着植被演替，杂类草繁茂生长，对土壤元素的吸收利用加强，导致土壤钾素含量回落。再次，与草地土壤元素回归有关，土壤碳氮磷浓度在不同的生物群落中存在显著差异（Xu et al.，2013），草地退化其植被盖度降低，物种组成改变，地表枯枝落叶层变薄，草地对土壤养分需求减少的同时向土壤输入的矿物元素也随之减少，土壤速效养分含量与土壤矿化速度、微生物数量和分解能力、植物同化量、动物排泄量有关（Wu et al.，2014；Li et al.，2011），随着退化程度的增加，植被盖度降低，导致微生物数量减少，土壤矿化速率降低，植物同化和家畜排泄减少，土壤养分含量呈下降趋势（Yao et al.，2016）。此外，还与土壤碳氮磷元素平衡及土壤生物多样性有关，Cleveland 和 Liptzinl（2007）报道，全球土壤碳氮磷 C∶N∶P 为 186∶13∶1，3 种元素间存在明显的"Redfield ratio"效应，本研究中，未退化与轻度退化与之接近，而中度退化、重度退化和黑土滩退化草地 C∶N∶P 明显降低，低的 C/N 引致元素气态化损失，C/N 低、矿化速度慢、微生物及植物同化量少引致中度退化阶段土壤氮素含量降低（Wang et al.，2010）。

3.2.7 小 结

伴随草地退化程度的加剧，土壤含水量显著降低，而土壤 pH 值呈升高趋势，中度退化草地最高。草地退化前期，土壤有机碳含量随草地退化程度加重急剧减少，到中度退化以后，TOC 含量无明显变化，即中度退化、重度退化和黑土滩退化草地间无显著差异。土壤全氮随草地退化整体呈下降趋势，中度退化草地最低，显著低于未退化和轻度退化草地；土壤全磷呈"V"形变化，中度退化草地显著低于其他 4 个草地；土壤全钾则呈"∧"形变化，中度退化草地最高，与其他草地相比均表现差异显著。土壤速效养分中，土壤铵氮和硝氮随草地退化整体呈上升趋势；速效磷整体呈下降趋势，中度退化草地速效磷含量最低；速效钾则呈曲线上升，中度退化草地速效钾含量最低。高寒草甸退化演替过程中，土壤全效和速效养分均在中度退化阶段出现拐点。未退化、轻度退化、中度退化、重度退化和黑土滩退化草地 C∶N∶P 分别为 140∶12∶0.75（187∶16∶1）、130∶12∶0.79（165∶15∶1）、48∶4∶0.56（86∶7∶1）、50∶5∶0.81（62∶6∶1）和 48∶5∶0.8（60∶7∶1），即草地退化过程中土壤 C∶N∶P 明显降低。

3.3 退化高寒草甸土壤酶活性变化特征

土壤酶主要来源于土壤中植物、动物和微生物残体的分解物及植物根系、动物和微生物的细胞分泌物等，它既是生物体又是生命活动的产物（黄世伟，1981；关松荫，1986）。土壤酶活性是一个恰当的且可综合评价土壤质量状况、检测量化土壤中微生物群落变化的简单指标（Raiesi and Beheshti，2014；赵亚丽等，2015）。土壤酶的生态功能多样性与土壤的生态功能多样性密切相关，土壤生态系统退化均伴随着不同程度土壤酶活性的下降（高雪峰等，2010；赵景学等，2011；杨青，2013；李世卿，2014；Brook et al.，2016；Hanson et al.，2000；Ruiter et al.，1993）。土壤脲酶的酶促反应产物——氨是植物氮源之一，土壤脲酶活性反映了土壤无机氮的供应能力及土壤中有机态氮向无机态氮的转化能力（任天志，2000）；土壤磷酸酶是促进土壤中有机磷化合物分解的酶类，高寒草甸退化，土壤磷酸酶活性显著降低（王玉琴等，2019；贺纪正等，2013）；蔗糖酶则可以将生物残体酶促转化为土壤腐殖质或土壤有机质，最后分解为 CO_2 经植物光合作用构成植物体组分，继而转换为动物碳，随着动植物残体进入土壤，即完成上壤中的碳素循环，蔗糖酶活性可以表征土壤的熟化程度和肥力水平（林先贵，2010）。草地退化对不同土壤酶的影响与土壤生物及土壤理化状况密切相关，土壤酶活性大致反映了该土壤生态状况下生物化学过程的相对强度。

3.3.1 高寒草甸土壤脲酶活性对草地退化的响应

各实验地 0～10 cm 土层土壤脲酶活性均显著低于 10～20 cm 土层（$P<0.05$）。在 0～10 cm 土层内，随草地退化程度加重，土壤脲酶活性呈波浪上升趋势，中度和重度退化草地土壤脲酶活性最高，二者均显著高于其他退化草地。在 10～20 cm 土层内，未退化和中度退化草地脲酶活性最高，与其他退化草地相比差异显著（$P<0.05$）（表 3.5）。

表 3.5　不同程度退化草地土壤脲酶、磷酸酶、蔗糖酶活性

单位：mg/（g·d）

退化程度	0～10 cm		
	脲酶	磷酸酶	蔗糖酶
ND	0.08 ± 0.02bc	0.41 ± 0.03a	147.88 ± 6.99a
LD	0.05 ± 0.01c	0.36 ± 0.04b	154.40 ± 4.63a
MD	0.15 ± 0.03a	0.31 ± 0.02c	120.47 ± 1.70b
SD	0.15 ± 0.02a	0.34 ± 0.03c	150.89 ± 6.32a
ED	0.10 ± 0.02b	0.26 ± 0.02d	96.84 ± 14.99c
退化程度	10～20 cm		
	脲酶	磷酸酶	蔗糖酶
ND	0.25 ± 0.01a	0.32 ± 0.03ab	55.58 ± 2.93a
LD	0.21 ± 0.02b	0.27 ± 0.01c	60.80 ± 5.92a
MD	0.25 ± 0.00a	0.35 ± 0.02a	30.88 ± 7.68b
SD	0.20 ± 0.02b	0.31 ± 0.04bc	55.30 ± 6.44a
ED	0.20 ± 0.02b	0.30 ± 0.01bc	57.81 ± 9.64a

注：同列不同字母表示差异显著（$P<0.05$）。

3.3.2 高寒草甸土壤磷酸酶活性对草地退化的响应

土壤磷酸酶活性在不同土层间因草地退化程度不同而出现不同

的变化规律。未退化、轻度退化和重度退化草地土壤磷酸酶活性均呈上高下低变化趋势，且除重度退化草地外，不同土层间差异均达显著水平；中度和黑土滩则呈反向变化。在 0～10 cm 土层内，随草地退化程度的加重，土壤磷酸酶活性呈波浪形下降趋势，未退化草地显著高于其他退化草地；黑土滩显著低于其他退化草地（P＜0.05）。在 10～20 cm 土层内，中度退化草地土壤磷酸酶活性最高，显著高于轻度、重度退化草地和黑土滩；轻度退化草地土壤磷酸酶活性最低，显著低于未退化和中度退化草地（P＜0.05）。

3.3.3 高寒草甸土壤蔗糖酶活性对草地退化的响应

不同土层土壤蔗糖酶活性在各实验地均表现为上高下低变化趋势，差值为 39.03～95.59 mg/（g·d），差异均达显著水平（P＜0.05）。在 0～10 cm 土层内，随草地退化程度的加重，土壤蔗糖酶活性呈曲线下降趋势，黑土滩土壤蔗糖酶活性最低，显著低于其他草地（P＜0.05）。在 10～20 cm 土层内，随草地退化程度的加重，土壤蔗糖酶活性呈"N"形变化趋势，中度退化草地土壤蔗糖酶活性显著低于其他退化草地（P＜0.05）。

3.3.4 讨 论

土壤酶活性包括已积累于土壤中的酶活性，也包括正在增殖的微生物向土壤释放的酶活性。本研究中，各实验地土壤脲酶活性均呈上低下高的变化趋势，与前人研究结果不同（胡雷等，2014；孙浩智，2014；李以康等，2008；王启兰等，2010）。土壤脲酶是一种分解含氮有机物的水解酶，其活性强度用以表征土壤的氮素状况（林先贵，2010）。草地植物 80% 的根系集中于 0～10 cm 土壤，吸收土壤中较多的氮素，导致 0～10 cm 土壤可利用氮素缺乏，进而影响脲酶活性，出现上低下高的变化趋势。本试验 0～

10 cm 土壤中，随草地退化程度加重，脲酶活性呈波浪式上升趋势，而在 10~20 cm 土壤中则呈波浪式下降趋势。有关草地不同退化演替阶段土壤脲酶活性的变化规律，不同学者持有的观点不同（李以康等，2008；Liu et al.，2009；Kotze et al.，2017）。胡雷等（2014）研究认为，脲酶与蔗糖酶活性在高寒草甸不同退化演替阶段无显著差异。李以康等（2008）研究指出，草地退化导致土壤脲酶的活性先升高后降低，为本研究结果提供了进一步支持。而谈嫣蓉等（2012）、孙浩智（2014）、Lin 等（2017）研究结果显示，脲酶活性随放牧强度的增加而增强，认为是家畜粪便增加了土壤有机氮所致。本试验土样采集于地上植被旺盛生长季，未退化和轻度退化草地植被自土壤中吸收利用了较多的氮素，导致土壤可利用氮含量下降，土壤脲酶活性降低；而在黑土滩，由于草原鼠兔、鼢鼠等有害动物排泄物的影响，土壤中有机氮含量增加，导致其脲酶活性升高。

磷酸酶能酶促有机磷化合物的水解，其活性可以表征土壤的磷素状况（林先贵，2010）。不同退化程度草地 0~10 cm 和 10~20 cm 土壤中性磷酸酶活性变化趋势不同，未退化、轻度和重度退化草地呈上高下低的变化趋势，其他退化草地则相反。磷酸酶是促进有机磷化合物分解的酶类，土壤压实可降低酸性磷酸酶活性（Jordan et al.，2003；Kohler et al.，2005）。在磷胁迫下，植物根系和微生物通过向土壤环境中释放磷酸酶来响应对有效磷的需求（Chen et al.，2004；Abd-Alla，1994），放牧可以通过促进植物生长来加速磷循环，这将增加养分吸收和提高土壤磷酸酶活性（Williams and Haynes，1990；Hobbs，1996）。土壤碱性磷酸酶活性随着高寒草甸退化演替的进行而显著降低（贺纪正等，2013），与本试验结果基本一致。

蔗糖酶能酶促蔗糖分子的裂解，其活性可以表征土壤的熟化程度和肥力水平（林先贵，2010）。各实验地 0～10cm 土壤蔗糖酶活性显著高于 10～20 cm 土壤蔗糖酶活性，此结果与前人研究结果一致（胡雷等，2014；王启兰等，2010）。随草地退化程度加重，蔗糖酶活性曲线下降，其与微生物生物量碳氮和多样指数均呈显著正相关。李以康等（2008）研究认为，土壤蔗糖酶的活性随草地退化程度加重先降低后升高，胡雷等（2014）研究显示，蔗糖酶活性在不同退化演替阶段无显著差异，与本研究结果不尽一致。以往研究主要以轻度、中度和重度退化草地为处理开展试验，鲜有黑土滩的酶活性测定。本试验设计中增加了黑土滩处理，对蔗糖酶在高寒草甸退化演替中的变化趋势进行了更加全面、系统的探究，认为土壤蔗糖酶活性与土壤微生物群落特征、土壤有机质含量及植物根系分泌物等因子显著相关。

3.3.5　小　结

随土层加深，高寒草甸土壤酶活性未表现一致的变化规律，其中 0～10 cm 土层脲酶活性显著低于 10～20 cm 土层，蔗糖酶活性则呈相反变化趋势，磷酸酶活性在两土层间无明显变化。随草地退化程度的加重，脲酶活性呈"∧"形变化，中度退化及重度退化草地显著高于其他草地；磷酸酶活性呈曲线下降趋势，未退化草地最高，黑土滩退化草地最低；蔗糖酶活性在轻度退化草地最高，与未退化和重度退化草地间差异不显著，黑土滩退化草地最低，显著低于其他草地。

3.4　高寒草甸退化对土壤微生物生物量的影响

土壤微生物生物量的特征是跨越所有主要生命域的生物的解剖学和生理学多样性。土壤微生物生物量主要是由异养生物控制，这些异养生物代谢大量多样性的植物衍生有机化合物（Paul and Clark，1989）。稳定的微生物生物量会降低微生物的周转率，从而对土壤养分动态变化产生重要影响，最终影响植物生长和生态系统。土壤微生物生物量的时间变异性是其周转率的重要组成部分，从而决定了土壤养分释放和矿化的模式（Wardle，1998）。

3.4.1　土壤微生物生物量碳氮化学计量特征变化

各实验地 0～10 cm 土壤微生物量碳和氮均显著高于 10～20 cm 土层，草地生态系统中 70% 以上土壤微生物集中在表层土壤（表3.6）。

表3.6　不同退化程度高寒草甸土壤微生物量碳、氮垂直分布特征

退化程度	微生物量碳（mg/kg）		微生物量氮（mg/kg）		C/N
	0～10 cm	10～20 cm	0～10 cm	10～20 cm	
ND	2 139.50 ± 197.65a	683.39 ± 104.37a	385.89 ± 35.83a	63.99 ± 7.88b	4.77a
LD	1 630.15 ± 274.27b	485.02 ± 98.98b	331.27 ± 22.68b	88.41 ± 5.67a	3.81b
MD	566.72 ± 687.53c	183.93 ± 46.20c	121.56 ± 12.79d	44.98 ± 6.80c	3.45b
SD	715.76 ± 87.34c	261.88 ± 45.20c	169.71 ± 18.06c	61.71 ± 5.76b	3.08bc
ED	687.30 ± 46.57c	309.28 ± 73.36 c	192.62 ± 17.93c	89.81 ± 8.26a	2.44c

注：同列不同字母表示差异显著（$P<0.05$）。

随着草地退化程度的加重，土壤微生物量碳呈"V"形变化趋势，在 0～10 cm 和 10～20 cm 土层内，中度退化草地最低，分别为 566.72 mg/kg 和 183.93 mg/kg，中度、重度和黑土滩退化草地间无显著差异（$P>0.05$）；未退化草地最高，为 2 139.50 mk/kg 和 683.39 mg/kg，与轻度退化草地 1 630.15 mg/kg 和 485.02 mg/kg 相比差异显著，且二者均显著高于其他草地（$P<0.05$）。

土壤微生物量氮随草地退化程度加重呈先急剧下降后缓慢上

升趋势。同一草地不同土层土壤微生物量氮变化趋势不同，在 0～10 cm 土层随草地退化程度加重呈"V"形变化，中度退化草地最低，与其他草地相比均表现显著差异（$P<0.05$）；在 10～20 cm 土层则呈"N"形变化，黑土滩草地最高，显著高于未退化、中度退化和重度退化草地（$P<0.05$），中度退化草地显著低于其他退化草地（$P<0.05$）。土壤微生物量 C/N 随草地退化程度加重显著降低。

3.4.2　讨　论

土壤微生物生物量是活的土壤有机质部分，是土壤养分固定的重要载体，对土壤环境的变化极为敏感，可充分反映土壤生态功能的变化，是草地生态系统变化的预警（林先贵，2010；蒋永梅等，2016）。本研究结果表明，各试验地不同土层土壤微生物生物量碳氮均呈上高下低变化趋势。杨成德等（2014）、杨青（2013）、牛得草等（2013）和卢虎等（2015）的研究结果为本试验结果提供了进一步的支持。高寒草甸植物根系主要集中于表层土壤，该土层土质松软且含有丰富的有机质，为微生物的生长繁殖提供了良好的物质基础。

随着草地退化程度加重，同一土层土壤微生物生物量碳氮均以中度退化草地为最低。周翰舒等（2014）研究指出，土壤微生物生物量碳、氮均以中度退化草地最低，其次为重度退化草地，未退化草地最高，与本研究结果一致。微生物生物量随土壤碳含量的变化而变化（Wardle，1992；1998），土壤微生物量碳与土壤全碳具有很强的线性相关性（Cleveland and Liptzin，2007），本研究中，中度退化草地土壤 TOC 最低，土壤有机质是微生物主要的物质来源，SOC 是微生物生物量的关键驱动因子（Hu et al.，2014）；同时，土壤微生物碳氮磷也存在"Redfield Ratio"效应，即土壤微生物生物量的化学计量比是严格定义的，微生物生物量养分比率存在动态平衡控制（Cleveland and Liptzin，2007；Paul and Clark，1989），土壤微生物通过调节自身生理特性来应对环境变化（Allison et al.，2010）。本研究中，土壤微生物 C∶N 介于 2.44～4.77，与文献报道的（8∶1）～（12∶1）相差 3～4 倍（Cleveland and Liptzin，2007；Paul and Clark，1989），草地微生物碳含量为 750～3 500 kg/hm²，微生物氮含量为 125～520 kg/hm²（吴金水，2006），分解有机质的土壤微生物的生长被认为受到碳的限制（Allison et al.，2010；Xu et al.，2013），高氮低碳的比率限制了此类微生物的生长，分配给生长的被同化碳的比例（碳利用效率）下降（Allison et al.，2010），进而影响了微生物生物量的积累。草地从未退化到极重度退化过程中，因地上植被组成的变化导致微生物可利用的物质基础发生改变，土壤微生物量在不同生物群落中存在显著差异（Xu et al.，2013），原有微生物区系消失，新的微生物区系组成，由此导致中度退化阶段出现转折低谷。

但不同学者也有不同的观点，Lin 等（2017）研究结果显示，重度放牧和连续放牧草地土壤微生物生物量碳显著高于未放牧草地；Rui 等（2011）则认为，放牧降低了土壤微生物量碳含量，增加了微生物量氮含量；还有研究指出，土壤微生物生物量随草地退化程度的加重而降低（卢虎等，2015），重牧导致土壤微生物生物量含量减少（Qi et al.，2011），而牛得草等（2013）研究结果显示，土壤微生物量碳在围封与放牧草地间无差异，Li 等（2005）研究也指出，重牧与适牧对土壤微生物量无显著影响，认为草地退化过程中，与载畜量加大，草地上家畜排泄物增加有关。土壤微生物作为土壤生态环境的主要组分，与土壤性质、地上植被类型、水热条件和气候因子紧密联系、相互依存，在土壤环境和气候因子发生变化时，因不同地域土壤微生物群落结构的变化不同，导致微生物量碳、氮出现不同的变化趋势，微生物的 C∶N∶P 化学计量比在不同的生态系统类型之间表现出明显的灵活性，这种灵活性部分是由微生物群落结构的变化和环境条件的变化引起（Chen et al.，2016；Sun et al.，2013）。生物竞争和环境筛选作用于菌群，导致全球物质循环具有区域性特征（Mohammad et al.，2018）。高寒草甸退化过程中，有关水热条件及气候因子对土壤微生物生物量的影响尚需进一步研究；此外，目前的草地退化程度评价标准主要依据直观的地上植被进行界定，关于植被退化与土壤退化的一致性尚需进一步考证。

3.4.3　小　结

高寒草甸 0～20 cm 土层土壤微生物碳含量为 997～2 823 mg/kg，土壤微生物氮含量为 282～450 mg/kg。各实验地不同土层土壤微生物生物量碳氮均呈上高下低变化趋势，草地生态系统中 70% 以上土壤微生物集中在 0～10 cm 土层。随着草地退化程度加重，土壤微生物量碳和氮均呈"V"形变化趋势，同一土层土壤微生物生物量碳氮均以中度退化草地为最低，与未退化和轻度退化草地相比均表现显著差异。高寒草甸土壤微生物 C∶N 介于 2.44～4.77，且随退化程度的加重其比值显著降低。

3.5　高寒草甸土壤微生物群落及功能特征的退化演替规律

土壤微生物是土壤中一切生态功能的媒介（Millard and Singh，2010），作为草地地下生态系统最大的资源库，是土壤有机质（C）和土壤养分（N）等在土壤圈和大气圈双向循环和转化中的主要推动力，推动整个环境中物质的循环转化和能量的流动转移（Yang et al.，2013；苟燕妮和南志标，2015；Yang et al.，2016），作为生物地球化学循环的主要驱动者，在调节营养物质循环和有机质降解等生态功能方面发挥着重要作用（褚海燕，2013；付刚和沈振西，2017；苏淑兰等，2014；曾智科，2009；牛磊等，2015；曹成有等，2011）。然而，微生物生命周期短暂，对生存的微环境极其敏感，可对土壤环境胁迫和生态变化做出快速反应，土壤微生物群落结构的变化可作为衡量草地生态环境功能的指标，尽早对草地生态系统的健康状况作出较好的指示（李凤霞等，2011；Brackin et al.，2013；Cookson et al.，2008；Juliet et al.，2001；Fisk et al.，2003），并能够反映某个地区土壤退化或恢复的程度（Kowalchuk et al.，2002；Ren et al.，2007；Xue et al.，2009；毕江涛和贺达汉，2009）。

3.5.1 土壤微生物碳源利用能力

3.5.1.1 退化高寒草甸土壤微生物碳源利用特征变化

所有草地土壤微生物碳源利用的平均颜色变化率 AWCD、McIntosh 指数（U）、Shannon-wiener 指数（H'）和 Simpson 指数（D）均随培养时间的延长不断上升，且均表现为培养前期增长迅速，后期逐渐变缓。培养第 7 d，各草地 0～10 cm 土层 4 个指数均显著高于 10～20 cm 土层。在表土 0～10 cm 土层内，随草地退化程度的加重，AWCD 值呈"V"形变化，中度退化草地最低，未退化与中度退化草地间差异显著；在 10～20 cm 土层，AWCD 则呈波浪变化趋势，同样是中度退化草地最低，且中度退化草地显著低于未退化、轻度退化和重度退化草地（$P<0.05$）（图 3.9）。

草地退化过程中，在 0～10 cm 土层内，U 指数变化趋势与 AWCD 相似，同样以中度退化草地最低，显著低于未退化草地（$P<0.05$）。在 10～20 cm 土层，随草地退化程度的加重，U 指数呈折线下降，同样以中度退化草地最低，与未退化、轻度退化和重度退化草地间差异显著（$P<0.05$），与黑土滩草地间无显著差异（$P>0.05$）。

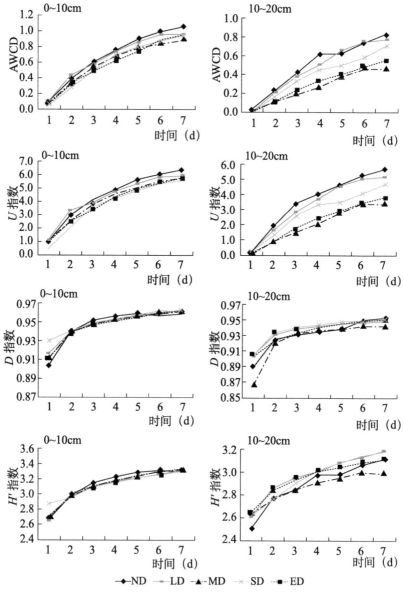

图 3.9　不同退化程度草地土壤微生物 AWCD、McIntosh（U）、
Shannon–wiener（H'）和 Simpson（D）指数

土壤微生物碳源利用 H' 指数和 D 指数，在培养 24～48 h 增长迅速，培养 72 h 后趋于平缓。在 0～10 cm 土层，两指数均以未退化草地最高，中度退化草地最低，但是在 95% 置信区间不同草地间均无显著差异（$P>0.05$）；在 10～20 cm 土层，中度退化草地显著低于轻度退化和重度退化草地，未退化、轻度退化、重度退化和黑土滩退化草地间差异不显著。

3.5.1.2 讨 论

土壤微生物系统是一个动态变化的自组织系统，通过遗传来维持其组成和结构的相对稳定，通过变异而适应外界干扰，共同构成土壤微生物系统的抵抗力和恢复力。碳循环是生物圈总循环的基础，生态系统中异养的大生物和微生物都参与循环，但微生物的作用更为重要。在有氧条件下，大生物和微生物都能分解生物多聚物（淀粉、果胶、蛋白质等）和简单的有机物，但微生物是唯一在厌氧条件下可分解有机物的。微生物能分解丰富的生物多聚物，腐殖质、蜡及人造化合物只有微生物才能降解。碳的循环转化中除了最重要的 CO_2 外，还有 CO、烃类物质等。藻类能产生少量的 CO 并释放到大气中，而一些异养和自养的微生物（如氧化碳细菌）能固定 CO 作为碳源。烃类物质（如 CH_4）可由微生物活动产生，也可被甲烷氧化细菌所利用。Biolog-Eco 通过微生物群落对 31 种碳源底物的不同利用程度来表征微生物碳代谢能力的动态变化（石国玺等，2018）。本研究中，同一退化阶段高寒草甸 0～10 cm 碳源利用相关的土壤微生物活性较强，认为与该土层较多的植物生物量和更多的根系分泌物有关（Kohler et al.，2005），植物生物量和根系分泌物是已知的富含碳水化合物的物质，底物碳源的丰富性使得降解微生物具有更加丰富的功能和结构多样性。

不同退化程度高寒草甸碳利用土壤微生物 AWCD 值、U 指数、H' 指数和 D 指数在上下两层土壤中均以中度退化草地最低，与草地地上生物量、土壤有机碳和土壤微生物生物量碳氮变化结果一致，即在高寒草甸从未退化和轻度退化向重度退化和黑土滩退化草地演替过程中，其碳源利用土壤微生物活性、物种组成和群落结构等在中度退化阶段有一个大的转变演替过程。胡雷等（2014）PLFA 的研究指出，不同退化阶段高寒草甸土壤微生物物种丰富度、均匀度和群落多样性在中度退化草地最高；土壤微生物的结构在中度退化阶段更为复杂，与本试验结果存在分歧。李凤霞等（2011）采用 Biolog–Eco 对宁夏不同类型盐渍化土地中微生物区系及多样性的研究结果显示，随着土壤盐碱化程度加重，微生物多样性、均匀性指数及微生物群落利用碳源的能力均呈下降趋势，与本研究结果不尽一致。可能是草地植被群落结构、物种组成变化、地上（地下）生物量及放牧家畜、有害动物破坏等因素综合作用所致。光照条件下，植被对碳源利用类土壤微生物群落变异的解释率最高，达 30.5%（Kohler et al.，2005），高寒草甸从未退化到极重度退化演替过程中，地上植被由莎草科和禾本科向菊科和其他科毒害植物转变，造成土壤微生物可利用的底物发生了质变，加之植物根系分泌物的改变，引致碳源利用微生物组成的改变，张明莉等（2017）研究指出，外来植物种通过改变土壤中碳源利用微生物的群落组成、结构与功能，创造对植物自身有益的土壤微生态环境以达到其成功入侵的目的；同时，受动物活动干扰（包括放牧家畜的活动加强、家畜及鼠兔类排泄物的增加），土壤微生态环境发生巨大变化，由此导致土壤微生物群落结构发生相应变化，向恶劣的土壤生态系统逆行演替，新的微生物物种组成新的群落结构并逐渐趋于稳定，Kohler 等（2005）研究指出，放牧家畜活动引起碳源利用微生物群落结构的变化，为本研究提供了进一步支持。

3.5.1.3 小 结

同一退化阶段高寒草甸，随土层加深碳源利用微生物活性降低，与 10～20 cm 土层相比，0～10 cm 土层土壤微生物对 31 种碳源利用能力更强。不同退化演替阶段，高寒草甸碳利用土壤微生物 AWCD、McIntosh 指数（U）、Shannon-wiener 指数（H'）和 Simpson 指数（D）在 0～10 cm 和 10～20 cm 土层中均以中度退化草地最低，即高寒草甸从未退化、轻度退化阶段向重度退化和黑土滩退化阶段演变过程中，其碳源利用土壤微生物活性、物种组成和群落结构等在中度退化阶段有一个大的转变演替过程。

3.5.2 土壤细菌群落及功能结构对高寒草甸退化的响应

3.5.2.1 退化高寒草甸土壤细菌 OTU 丰度变化规律

对不同程度退化高寒草甸土壤微生物群落 OTU 丰度信息开展韦恩分析，以了解不同退化草地间的 OTU 的共有及特有信息。各草地两土层土壤细菌 OTU 丰度无明显变化规律。在 0～10 cm 土层，自未退化、轻度退化、中度退化、重度退化和黑土滩退化草地土壤样品中读取的细菌序列 OTU 分别为 4 750、4 878、4 547、4 902 和 5 407 条；在 10～20 cm 土层，随草地退化程度加重其土壤细菌序列 OTU 分别为 4 970、4 927、4 130、4 983 和 5 199 条，即在两土层中均呈中度退化草地最低，黑土滩退化草地最高的变化趋势（图 3.10）。

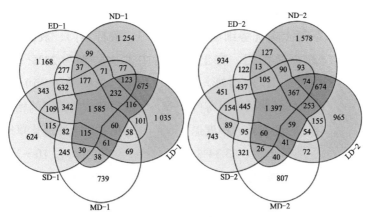

图 3.10 不同程度退化高寒草甸土壤细菌序列 OTU Venn 分析

在 0～10 cm 土层，各草地间共有细菌 OTU 1 585 条，占该土层土壤细菌 OTU 数的 29.31%～34.86%。未退化、轻度退化、中度退化、重度退化和黑土滩退化草地土壤样品中特有的细菌序列 OTU 分别为 1 254、1 035、739、624 和 1 168 条，最高值与最低值之间比例约 2 倍。在 10～20 cm 土层，各草地间共有细菌 OTU 1 397 条，占该土层土壤细菌 OTU 数的 26.87%～33.83%。未退化、轻度退化、中度退化、重度退化和黑土滩退化草地土壤样品中特有的细菌序列 OTU 分别为 1 578、965、807、743 和 934 条，最高值与最低值之间比例约 2.1 倍。即在 0～10 cm 和 10～20 cm 土层，草地特有细菌 OTU 均以未退化草地最高，重度退化草地最低。

3.5.2.2　退化高寒草甸土壤细菌物种组成特征

对不同程度退化高寒草甸土壤微生物群落门水平物种组成进行分析，试验自高寒草甸土壤样品中读取的细菌序列分属于 10 个门，包括变形菌门（Proteobacteria）、酸杆菌门（Acidobacteria）、浮霉菌门（Planctomycetes）、疣微菌门（Verrucomicrobia）、放线菌门（Actinobacteria）、芽单胞菌门（Gemmatimonadetes）、绿弯菌门（Chloroflexi）、硝化螺旋菌门（Nitrospirae）、厚壁菌门（Firmicutes）和拟杆菌门（Bacteroidetes）（图 3.11）。

高寒草甸土壤优势细菌为变形菌门、酸杆菌门、放线菌门、浮霉菌门和疣微菌门，在土壤细菌中占比分别为 23%～29%、16%～18%、9%～12%、12%～14% 和 11%～12%；在 0～10 cm 土层变形菌门、酸杆菌门、浮霉菌门、疣微菌门和放线菌门的相对丰度在未退化、轻度退化、中度退化、重度退化和黑土滩退化草地分别为 79.31%、79.78%、83.34%、81.31% 和 81.05%；在 10～20 cm 土层，相对丰度分别为 75.4%、78.04%、74.85%、76.35% 和 77.73%。随草地退化程度加重，变形菌门细菌相对丰富呈减少趋势，酸杆菌门和浮霉菌门呈增加趋势，变形菌门、酸杆菌门、放线菌门、芽单胞菌门、硝化螺旋菌门、绿弯菌门和拟杆菌门细菌在不同草地间差异显著（$P<0.05$）（图3.12）。

不同退化程度高寒草甸土壤细菌在科水平的丰度差异见图3.13，图3.14。在0～10 cm土层有显著差异的科主要是Blastocatellaceae、芽单胞菌科、硫还原菌科、鞘脂单胞菌科、0319-6A21、丛毛单胞菌科和黄单胞菌科。其中，丛毛单胞菌科、黄单胞菌科和硫还原菌科在未退化草地，Blastocatellaceae在中度退化草地显著富集，而鞘脂单胞菌科在轻度退化草地显著减少（$P<0.05$）（图3.13）。在10～20 cm土层有显著差异的科主要是DA101、Blastocatellaceae、浮霉菌科、硫还原菌科、芽单胞杆菌科和硝化螺旋菌科（$P<0.05$）（图3.14）。可见，不同退化程度草地间丰度有差异的科因土层而异。

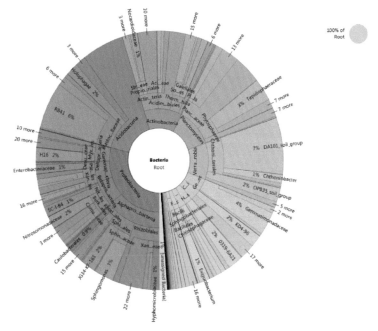

图 3.11　高寒草甸土壤细菌物种组成

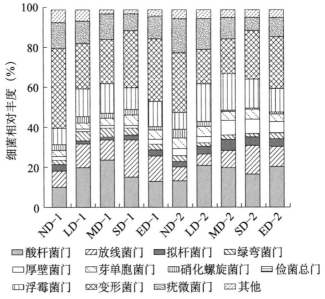

图 3.12　不同程度退化高寒草甸土壤细菌门水平相对丰富

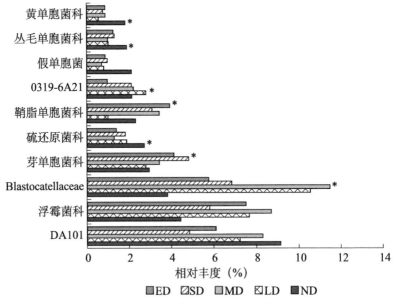

图 3.13　不同程度退化高寒草甸 0~10 cm 土壤细菌科水平差异物种

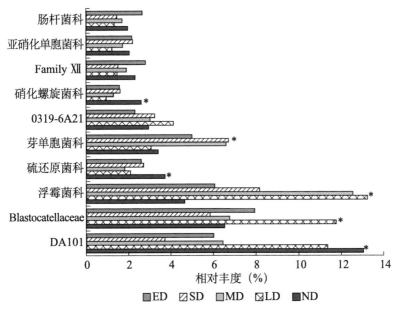

图 3.14 不同程度退化高寒草甸 10～20 cm 土壤细菌科水平差异物种

3.5.2.3 退化高寒草甸土壤细菌群落多样性

对不同程度退化高寒草甸土壤细菌 Chao1 指数、Shannon-wiener 指数和 Simpson 指数进行分析，如表 3.7 数据显示，在 0～10 cm 和 10～20 cm 土层，Chao1 指数在各草地间均无显著差异，即不同程度退化草地土壤细菌物种总数无明显变化。在 0～10 cm 土层，重度退化草地土壤细菌 Shannon-wiener 多样性指数最高，显著高于未退化和中度退化草地（$P<0.05$），未退化草地最低，与轻度退化和重度退化草地间差异显著（$P<0.05$）；在 10～20 cm 土层，草地土壤细菌群落多样性 Shannon-wiener 指数由高到低依次为重度退化草地＞黑土滩退化草地＞轻度退化草地＞未退化草地＞中度退化草地，除黑土滩退化草地外，重度退化草地与其他草地间均表现显著差异，未退化和中度退化草地显著低于黑土滩退化草地，轻度

退化草地与中度退化草地间差异显著（$P<0.05$）。Simpson 指数用于指示群落丰富度，在 0～10 cm 土层，黑土滩退化草地 Simpson 指数最低，与轻度退化和重度退化草地相比差异显著，轻度退化草地最高，显著高于未退化和黑土滩退化草地（$P<0.05$），其他草地间均无显著差异；在 10～20 cm 土层，重度退化草地最高，与其他草地间差异显著，轻度退化草地和黑土滩退化草地次之，二者均显著高于未退化和中度退化草地（$P<0.05$）（表 3.7）。

表 3.7　不同程度退化高寒草甸土壤细菌 α - 多样性

土层深度（cm）	退化程度	多样性指数		
		Chao1	Shannon–wiener	Simpson
0～10	ND	8 828.18 ± 363.61a	10.31 ± 0.15c	0.997 ± 0.001bc
	LD	9 015.26 ± 2 567.38a	10.54 ± 0.13ab	0.998 ± 0.000a
	MD	9 904.47 ± 490.73a	10.32 ± 0.05bc	0.997 ± 0.000abc
	SD	11 054.59 ± 1 330.52a	10.63 ± 0.07a	0.997 ± 0.000ab
	ED	9 517.00 ± 1 023.90a	10.52 ± 0.18abc	0.996 ± 0.001c
10～20	ND	7 686.14 ± 636.88a	9.95 ± 0.19cd	0.996 ± 0.000c
	LD	8 022.41 ± 1 254.05a	10.19 ± 0.15bc	0.997 ± 0.000b
	MD	7 251.09 ± 706.01a	9.91 ± 0.05d	0.996 ± 0.000c
	SD	8 891.85 ± 1 224.30a	10.48 ± 0.11a	0.998 ± 0.000a
	ED	8 756.00 ± 1 594.71a	10.29 ± 0.22ab	0.997 ± 0.000b

注：同列不同字母表示差异显著（$P<0.05$）。

3.5.2.4　退化高寒草甸土壤细菌功能多样性

采用 Tax4Fun 对不同退化程度高寒草甸土壤细菌群落 KEGG Pathways 功能基因进行预测，根据 SILVA 的物种注释结果将土壤细菌划分为代谢功能类群，主要包括糖代谢（Carbohydrate Metabolism，CM），氨基酸代谢（Amino Acid Metabolism，AAM），能量代谢（Energy Metabolism，EM）、辅助因子和维生素代谢（Metabolism of

Cofactors and Vitamins，MCV）、核苷酸代谢（Nucleotide Metabolism，NM）以及其他次生代谢产物合成（Biosynthesis of Other Secondary Metabolites）等；环境信息处理类群，主要包括膜转运（Membrane Transport，MT）、信号转导（Signal Transduction，ST）、信号分子与相互作用（Signaling Molecules and Interaction）等；遗传信息处理类群，主要包括翻译（Translation，T）、复制和修复（Replication and Repair，RR）、分类降解（Folding, Sorting and Degradation）、转录（Transcription）等；细胞过程类群，主要包括细胞活性（Cell Motility）、细胞生长与死亡（Cell Growth and Death）、运输和分解代谢（Transport and Catabolism）、细胞通信（Cell Communication）等；有机体系统类群，主要包括内分泌系统（Endocrine System）、消化系统（Digestive System）、环境适应（Environmental Adaptation）、神经系统（Nervous System）、免疫系统（Immune System）、排泄系统（Excretory System）、循环系统（Circulatory System）和感觉系统（Sensory System）等（图 3.15）。

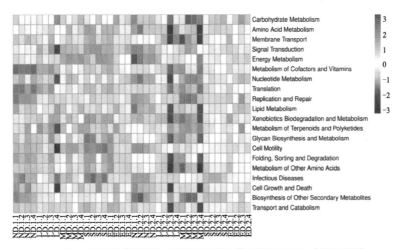

图 3.15　不同程度退化高寒草甸土壤细菌群落 KEGG 功能多样性

　　高寒草甸土壤细菌以代谢类、环境信息处理类和遗传信息处理类为主要类群。各草地不同土层土壤微生物优势功能种群不同，在0～10 cm 土层，主要以碳水化合物代谢、氨基酸代谢和膜运转功能菌为主；在 10～20 cm 则以信号传导、能量代谢、多糖生物合成和细胞运动功能菌为主。对 KEGG 通路丰度大于 0.01 的功能信息进行差异分析，在 0～10 cm 土层，信号转导、能量代谢、辅助因子和维生素代谢、核苷酸代谢、翻译、类脂物代谢、萜类和聚酮类物质代谢、细胞生长与死亡和其他次生代谢产物合成功能菌群在不同程度退化高寒草甸间差异显著（$P<0.05$）。在 KEGG 通路丰度前 10 位的土壤细菌中，随草地退化加重，碳水化合物代谢、氨基酸代谢、辅助因子和维生素代谢、核苷酸代谢功能细菌均呈上升趋势，其他功能菌无明显变化规律。中度退化草地能量代谢菌、萜类化合物和聚酮类化合物的代谢菌丰度最低，脂类代谢、糖生物合成代谢菌丰度最高（图 3.15）。在 10～20 cm 土层，氨基酸代谢、膜运输、信号传导、能量代谢、辅助因子和维生素的代谢、核苷酸代谢、翻译、复制和修复、异种生物降解和代谢、脂质代谢、萜类化合物和多肽的代谢、糖的生物合成和代谢、细胞活性、折叠、分类和降解、其他氨基酸的代谢、细胞生长与死亡和其他次生代谢产物的生物合成功能细菌在不同程度退化高寒草甸间差异显著（$P<0.05$）。

　　采用 Faprotax（Functional Annotation of Prokaryotic Taxa）对不同退化程度高寒草甸土壤细菌群落进行生态功能预测，化能异养（Chemoheterotrophy）、有氧化能异养（Aerobic chemoheterotrophy）、硝化作用（Nitrification）、亚硝酸盐氧化（Aerobic Nitrite Oxidation）及硫代谢作用为优势功能菌群。注释的丰度前 40 位的功能菌中，在各草地间表现差异的共 33 种，碳、氮、硫、铁、锰等代谢菌群在不同草地间差异显著（$P<0.05$）；33 种差异功能菌中，23 种

在中度退化草地丰度最低，占差异总种数的 70%。在 0～10 cm 土层，差异主要表现在化能异养、有氧化能异养、亚硝酸盐氧化、硫化物呼吸（Respiration of Sulfur compounds）、硫呼吸（Sulfur respiration）、硝酸盐 / 亚硝酸盐呼吸（Nitrate respiration / Nitrite respiration）、氮呼吸（Nitrogen respiration）、尿素水解（Ureolysis）、动物寄生共生菌（Animal Parasites or Symbionts）、人类病原菌（Human Pathogens All）、氨氧化（Aerobic Ammonia Oxidation）、固氮菌（Nitrogen Fixation）、硝酸盐还原（Nitrate Reduction）、反硝化（Denitrification）、硝酸盐反硝化（脱氮 Nitrate Denitrification）、亚硝酸盐反硝化（脱氮 Nitrite Denitrification）、一氧化二氮反硝化（Nitrous Oxide Denitrification）、细胞内寄生虫（Intracellular Parasites）、外寄生（Predatory or Exoparasitic）、光异养（Photoheterotrophy）、光自养（Photoautotrophy）、产氧性光自养 S 氧化（Anoxygenic Photoautotrophy S oxidizing）、发酵菌（Fermentation）、产氧性自养（Anoxygenic Photoautotrophy）、几丁质分解（Chitinolysis）等功能菌（图 3.16）。对丰度前十的功能菌进行分析，硝化作用细菌在各草地间无显著差异；草地退化前期氨氧化细菌无明显变化，中度退化阶段后，重度退化和黑土滩退化草地氨氧化细菌显著升高；硫化物呼吸、亚硝酸盐氧化、尿素水解及氮呼吸作用功能菌折线降低，中度退化草地氮呼吸功能菌丰度最低；化能异养、有氧化能异养和芳香族化合物降解菌则呈先降低后升高的变化趋势，即轻度退化草地最低，黑土滩退化草地最高（$P<0.05$）。反硝化细菌、固氮菌及光营养细菌均呈 "V" 形变化趋势，中度退化草地最低。

3.5.2.5 退化高寒草甸土壤细菌群落结构

采用 R 语言 Vegan 对不同退化程度高寒草甸土壤微生物进行非度量多维标度分析（Non-metric multidimensional scaling, NMDS），并采用 Kruskal-wallis 对群落结构进行秩和检验。结果显示，两土层高寒草甸土壤细菌群落结构在各草地间均表现显著差异（图 3.17）。

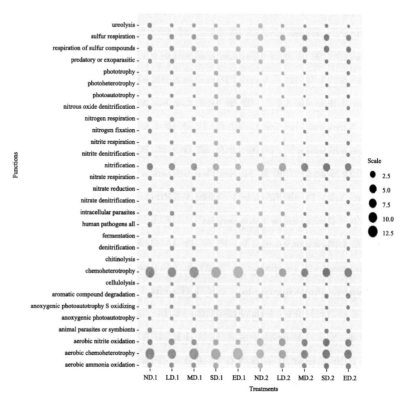

图 3.16　不同程度退化高寒草甸土壤细菌生态功能多样性

3.5.2.6　讨　论

本研究中，不同阶段退化高寒草甸土壤细菌 OTU 数目 4 130～5 407 条。随草地退化程度加重，土壤细菌 OTU 整体呈"V"形变化。草地两土层特有土壤细菌 OTU 均以未退化草地最高，重度退化草地最低，二者相差约 2 倍。Zhou 等（2019）自果洛玛多 5 个不同退化阶段高寒草原（ND、LD、MD、HD 和 ED）土壤微

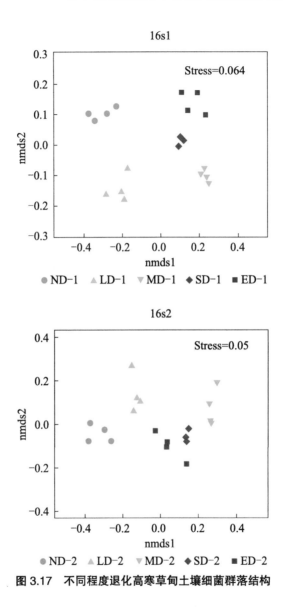

图 3.17　不同程度退化高寒草甸土壤细菌群落结构

生物群落共检出 OTU 数目为 2 730 条，每份土壤样品检出数量为
1 078～1 624 条，LD 草地最低，MD 草地最高；高寒草原共有

OTU 数目 1 190 条，占土壤细菌 OTU 总数的 43.59%，特有 OTU 自 ND、LD、MD、HD 和 ED 草地分别检出 29、26、45、144 和 44 条。本研究对象是高寒草甸，其与高寒草原生境有很大差异，同时二者植被类型也大不相同，Zhou 等（2019）的研究中，随草地退化程度加剧，特有 OTU 数目整体呈上升趋势，HD 草地最高，与本研究结果存在分歧，认为土壤母质、草地气候环境和草地类型是造成差异的主要因素，关于不同区域不同类型草地退化过程中土壤细菌特征的变化尚需进一步探究。

试验自高寒草甸土壤细菌样品中读取的细菌序列分属于 10 个门，变形菌门、酸杆菌门、浮霉菌门、疣微菌门和放线菌门为高寒草甸优势细菌。草地退化变形菌门细菌相对丰富减少，酸菌门和浮霉菌门增加，变形菌门、酸杆菌门、放线菌门、芽单胞菌门、硝化螺旋菌门、绿弯菌门和拟杆菌门细菌在不同草地间差异显著。前人结果为本研究提供了进一步支持，Li 等（2016）对西藏那曲 ND、MD 和 SD 高寒草甸土壤微生物群落的研究指出，变形菌门、放线菌和酸杆菌是高寒草甸土壤中优势细菌，与退化程度无明显相关性；高寒草甸土壤细菌相对丰度由高到低依次为变形菌门、放线菌门、酸杆菌门、浮霉菌门、拟杆菌门、绿弯菌门和硝化螺旋菌门；认为高寒草甸退化过程中，MD 与 ND 草地土壤细菌种类组成无差异，但是相对于 ND 和 MD，SD 显著改变了土壤细菌种类组成。高寒草甸土壤优势细菌门为变形菌门、放线菌门、酸杆菌门和绿弯菌门（Chen et al.，2017）；Zhou 等（2019）的研究也指出，退化高寒草原的优势类群为放线菌、变形菌、酸杆菌和绿弯菌门，高寒草原退化可能导致微生物群落组成的变化，放线菌、变形杆菌和酸性细菌对青藏高原退化高寒草原的生境条件（如土壤性质和植被变异）具有很好的适应性，认为与土壤中有机物质输入的改变、土壤性质变化及生物竞争、对物理和生物环境的扰动适应性等因素有关（Li et al.，2016；Nixon et al.，2019）。

高寒草甸土壤细菌 Chao1 指数在各草地间无明显变化，重度退化显著提高了细菌 Shannon-wiener 指数，轻度退化提高了土壤细菌 Simpson 指数，极度退化则显著降低了 Simpson 指数。Li 等（2016）研究发现，ND 和 MD 土壤细菌 Shannon-Wiener 指数和物种丰富度差异不显著；但是与 ND 相比，SD 显著增加了细菌香农多样性和物种丰富度；与 MD 相比，SD 显著提高了细菌 Shannon-Wiener 指数，但没有显著改变其物种丰富度，与本研究结果基本一致。而 Zhou 等（2019）则认为，不同程度退化高寒草原的细菌 α – 多样性差异不显著，即退化对土壤细菌 α – 多样性无影响，是否是草地类型差异引致还有待进一步证实。

物质代谢类、环境信息处理类和遗传信息处理类细菌在青藏高原高寒草甸土壤中起主要功能调节作用。土壤细菌功能结构在同一草地不同土层间、不同草地同一土层间均表现显著差异。在同一草地，0～10 cm 土层主要以碳水化合物代谢、氨基酸代谢和膜运转功能菌为主；10～20 cm 土层则以信号传导、能量代谢、多糖生物合成和细胞运动功能菌为主。这些功能差异与细菌种群组成、草地植被物种组成及土壤性质等因素有关，随草地退化程度加剧，植被物种组成明显变化，土壤有机质及根系分泌物改变（Kohler et al.，2005），底物的不同引致土壤细菌降解代谢功能结构差异。具有较高代谢活性的养分降解功能菌可能在退化的高寒草原上生存良好（Zhou et al.，2019），本研究中变形菌门、酸杆菌门、浮霉菌门、疣微菌门和放线菌门为高寒草甸优势细菌，变形杆菌可能在生态系统发育中发挥关键作用，参与有机和无机化合物的氧化并从光中获取能量（Bryant and Frigaard，2006）；酸杆菌门是一个丰富而无处不在的细菌门，在具有挑战性和波动的土壤环境中具有灵活性和多功能性，具有与变形杆菌类似的广泛的系统发育多样性，在矿物元素利用、有机质分解、光营养和铁还原等养分循环中发挥重要作用（Eichorst et al., 2018; Fang et al., 2018）；浮霉菌门可能是第一个出现的细菌群，认为是细菌中分支多样性最高的门，其有着众多特性，如参与氮素循环等（Brochier and Philippe, 2002; Jun et al., 2010; Delmont et al., 2018）；疣微菌门是地球生态系统碳循环的重要贡献者，广泛存在于土壤中，具有较强的碳水化合物（如半纤维素等）降解能力和极端环境适应能力（Nixon et al., 2019）。放线菌门在土壤中普遍存在，在低温下仍有较强的代谢活动和 DNA 修复机制，可降解纤维素及碳化合物等，它们在碳循环和有机物的周转中起重要生态作用，其产生的天然产物和酶在促进植物生长或降解复杂的天然聚合物（如木质纤维素）方面具有重要作用（Yergeau et al., 2010; Vander et al., 2017）。

高寒草甸土壤细菌生态功能以化能异养、有氧化能异养、硝化作用、亚硝酸盐氧化及硫代谢作用为优势功能菌群。碳、氮、硫、铁、锰等代谢菌群在不同草地间差异显著，中度退化阶段是微生物群落功能结构转变的拐点。化能异养、硝化作用、氨氧化作用、亚硝酸盐氧化作用及硝酸盐还原作用功能类细菌在土壤中具有较高的丰度（包明等，2018），与本研究结果一致。氨氧化细菌在草地退化前期无明显变化，中度退化阶段后，重度退化和黑土滩退化草地氨氧化细菌丰度显著升高。氨氧化是硝化反应的第一步，也是硝化反应的限速步骤（Yang et al., 2017），对草地土壤硝化过程起关键作用（贺纪正和张丽梅，2009），是生物地球化学氮循环的关键过程。生态系统类型的转换可能会对参与氨氧化的土壤微生物产生重要的潜在影响，土壤氨氧化细菌数量与土壤 NH_4^+-N 含量显著正相关（杨亚东等，2017; Gerendas et al., 1997），NH_4^+-N 显著影响土壤氨氧化细菌种群组成，土壤理化性质差异导致土壤氨氧化细菌种群和丰度多样性的改变（王丰等，2020），本研究中中度退化阶段后土壤铵态氮含量显著升高，草地退化后期土壤出现了明显的铵聚积现象。

草地退化过程中，硫化物呼吸、亚硝酸盐氧化及尿素水解作用功能菌折线下降。微生物是硫化物氧化过程中的主要作用者，已报道两种细菌可以有效进行硫的氧化作用，化能自养细菌（硫杆菌属）和异养硫细菌，可将环境中硫及硫的无机化合物氧化成硫酸盐，并还原硝酸盐为亚硝酸盐或氮气（修世荫，1993）。本研究未测定土壤中硫素含量，是否是退化过程中硫化物底物的减少导致了硫相关细菌丰度的降低，还有待进一步研究；而关于亚硝酸盐氧化作用和尿素水解作用功能菌的减少，认为一方面可能是草地退化中引起微生物物种组成改变，新的优势物种与相关功能物种存在种间竞争所致，另一方面可能与土壤中铵态氮和硝态氮的累积有关，土壤性质的变化引致微生物生存环境改变，进而抑制了此类功能菌的生长繁殖。化能异养、有氧化能异养、芳香族化合物降解及反硝化细菌及光营养细菌等均呈"V"形变化趋势，其中，化能异养、有氧化能异养、芳香族化合物降解作用功能菌在丰度轻度退化草地最低，黑土滩退化草地最高，其他功能菌丰度则在中度退化草地最低。认为可能与土壤紧实度、土壤结构及土壤温度有关，草地退化前期随放牧家畜践踏强度加大，土壤紧实度增加、土壤孔隙结构压缩而导致土壤通气状况变差（Jordan et al., 2003；Soresen et al., 2009），有氧化能异养过程是需氧过程，土壤物理环境的改变抑制了好氧微生物生长，而到草地退化后期，土壤黏粒含量减少、沙粒含量增加（Li et al., 2016），土壤孔隙度加大激发化能异养微生物再度活跃；反硝化作用是一个在嫌气条件下进行的微生物学过程（刘义等，2006），土壤因子可以解释约40%的反硝化速率变化，其受硝酸根离子、土壤温度和水分及土壤通气状况等因子的制约（Robertson and Klemedtsson, 1996），氧可以抑制反硝化过程中还原酶的活性（刘义等，2006），本研究中土壤硝态氮含量在中度退化阶段后显著升高，为反硝化作用细菌提供了更多的作用底物，加之退化后期植被覆盖率下降，太阳直射引致土壤温度急剧升高（杨元武等，2016），为反硝化细菌提供了良好的土壤环境。

NMDS 结果显示，两土层高寒草甸土壤细菌群落结构在各草地间均表现显著差异。青藏高原高寒草甸退化过程中微生物群落在不同草地间差异显著（Li et al.，2016），细菌群落结构随着高寒草原退化程度的增加而明显不同（Zhou et al.，2019），认为这些差异是由于过度放牧等人类活动促进了草地退化，植物生长、土壤结构和养分状况受到物理伤害引起的不同退化草地之间土壤性质和植被特征的差异所致。不同土层土壤微生物群落结构变化的驱动因子不同，土壤有机碳和氮含量等环境因素是青藏高原活跃层土壤中细菌、古菌和真菌群落结构变化的主要驱动因素，而年平均降水量和全磷等环境变量在驱动多年冻土层微生物群落多样性方面起主导作用（Chen et al.，2017）；土壤温度、pH 值、碳氮比、土壤质地是细菌、古菌和真菌群落结构的主要驱动因子（Cui et al.，2019；Chen et al.，2016；Hu et al.，2014），本研究中土壤 pH 值、土壤碳氮比在不同草地间差异显著，但关于土壤温度和土壤质地的影响方面尚需进一步补充。此外，地上植物的消失可能会限制某些土壤微生物群落的发展和种群组成（Zhang et al.，2014），对土壤的凋落物投入的减少导致微生物底物有效性下降（Wu et al.，2014）。Yang 等（2013）研究指出，土壤微生物群落功能结构的变化主要受地上植被、土壤碳氮比和铵态氮含量的控制。在本研究中，不同草地植被物种组成、群落结构、生物量和土壤理化性质存在显著差异，这些差异可能是土壤细菌群落结构和组成差异的关联因子，其因果关系尚需进一步探究。

3.5.2.7 小 结

不同阶段退化高寒草甸土壤细菌 OTU 数目约 4 130～5 407 条，随草地退化程度加重，两土层土壤细菌 OTU 整体呈"V"形变化，即中度退化草地最低，黑土滩草地最高。草地两土层特有土壤细菌 OTU 均以未退化草地最高，重度退化草地最低，二者相差约 2 倍。变形菌门、酸杆菌门、浮霉菌门、疣微菌门和放线菌门为高寒草甸优势细菌。草地退化过程中，变形菌门细菌相对丰富减少，酸杆菌门和浮霉菌门增加，变形菌门、酸杆菌门、放线菌门、芽单胞菌门、硝化螺旋菌门、绿弯菌门和拟杆菌门细菌在不同草地间差异显著。草地退化对细菌 Chao1 指数无影响，重度退化显著提高了细菌 Shannon-wiener 指数，轻度退化提高了土壤细菌 Simpson 指数，极度退化则显著降低了 Simpson 指数。

物质代谢类、环境信息处理类和遗传信息处理类细菌在青藏高原高寒草甸土壤中起主要功能调节作用。土壤细菌功能结构在同一草地不同土层间、不同草地同一土层间均表现显著差异。不同草地，丰度大于 0.05 的土壤细菌中，信号传导、能量代谢、辅酶及维生素代谢、核苷酸代谢、氨基酸代谢及膜运转等在不同草地间差异显著。Faprotax 注释的生态功能中，化能异养、有氧化能异养、硝化作用、亚硝酸盐氧化及硫代谢作用为优势功能菌群，碳、氮、硫、铁、锰等代谢菌群在不同草地间差异显著。丰度前 40 位的功能菌中，在各草地间表现差异的共 33 种，23 种在中度退化草地丰度最低，占差异总数的 70%，中度退化阶段是微生物群落生态功能结构转变的拐点。重度退化及黑土滩退化提高了氨氧化作用细菌丰度，降低了硫化物呼吸、亚硝酸盐氧化及尿素水解作用细菌丰度；草地退化过程中化能异养、有氧化能异养、芳香族化合物降解及反硝化细菌及光营养细菌等均呈"V"形变化。高寒草甸退化改变了土壤细菌群落及功能结构。

3.5.3 土壤真菌群落及功能结构对高寒草甸退化的响应

3.5.3.1 退化高寒草甸土壤真菌 OTU 丰度变化规律

对不同程度退化高寒草甸土壤真菌 OTU 丰度信息开展韦恩分析，以了解不同退化草地间的 OTU 的共有及特有信息。高寒草甸土壤真菌序列 OTU 数目远低于细菌序列 OTU，真菌 OTU 数目仅为细菌的 1/10～1/9。各草地 0～10 cm 土壤真菌序列 OTU 丰度均高于 10～20 cm。在 0～10 cm 土层，自未退化、轻度退化、中度退化、重度退化和黑土滩退化草地土壤样品中读取的真菌序列 OTU 分别为 537、658、635、786 和 757 条；在 10～20 cm 土层，随草地退化程度集加重其土壤真菌序列 OTU 分别为 433、415、359、588 和 536 条，即在两土层中均以重度退化草地最高，其次是黑土滩退化草地（图 3.18）。

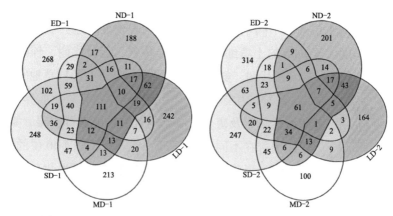

图 3.18 不同程度退化高寒草甸土壤真菌序列 OTU Venn 分析

在 0～10 cm 土层，各草地间共有真菌 OTU 111 条，占该土层土壤真菌 OTU 数的 14.12%～20.67%。未退化、轻度退化、中度退化、重度退化和黑土滩退化草地土壤样品中特有的真菌序列 OTU 分别为 188、242、213、248 和 268 条。在 10～20 cm 土层，各草地间共有真菌 OTU 61 条，占该土层土壤真菌 OTU 数的 10.37%～16.99%。未退化、轻度退化、中度退化、重度退化和黑土滩退化草地土壤样品中特有的真菌序列 OTU 分别为 201、164、100、247 和 314 条。即在 0～10 cm 和 10～20 cm 土层，草地特有真菌 OTU 均以黑土滩草地最高，最低值则分别出现在未退化和中度退化草地。

3.5.3.2 退化高寒草甸土壤真菌物种组成特征

对不同程度退化高寒草甸土壤真菌群落门水平组成结构进行分析，试验自高寒草甸土壤样品中读取的真菌序列分属于 8 个门，包括子囊菌门（Ascomycota）、担子菌门（Basidiomycota）、被孢霉菌门（Mortierellomycota）、球囊菌门（Glomeromycota）、罗兹菌门 / 隐菌门（Rozellomycota）、壶菌门（Chytridiomycota）、毛霉菌门（Mucoromycota）和新丽鞭毛菌门（Neocallimastigomycota）（图 3.19）。

高寒草甸土壤优势真菌为子囊菌门、担子菌门和被胞霉菌门，在土壤真菌中占比分别为 38%～45%、32%～35% 和 17%～19%。在 0～10 cm 土层，三者的相对丰度和在未退化、轻度退化、中度退化、重度退化和黑土滩退化草地分别为 90.69%、99.71%、78.07%、99.21% 和 95%；在 10～20 cm 土层，分别为 93.23%、99.56%、86.91%、98.09% 和 96.48%；同一草地不同土层土壤真菌物种组成存在差异（图 3.20）。

在 0～10 cm 土层，随草地退化程度加重，子囊菌门先显著降低后显著升高（$P < 0.05$），担子菌门则呈相反变化趋势，未退化和轻度退化草地被孢霉菌门真菌丰度较低，除新丽鞭毛菌门外，其他 7 个真菌门在不同草地间均表现显著差异（$P < 0.05$）。在 10～20 cm 土层，随草地退化程度加重，子囊菌门呈曲线变化趋势，轻

度退化草地最低，担子菌门则呈先升高后降低的变化趋势，未退化草地被孢霉菌门丰度最高，轻度退化草地最低，除新丽鞭毛菌门外，其他 7 个真菌门在不同草地间均表现显著差异（$P<0.05$）（图 3.20）。

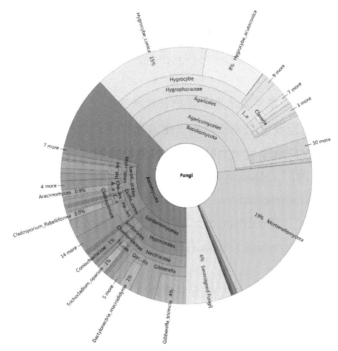

图 3.19　高寒草甸土壤真菌物种组成

对不同退出程度高寒草甸丰度前 20 位的土壤真菌差异物种进行分析（图 3.21），在 0～10 cm 土层，土壤真菌差异物种主要是枝孢菌（*Cladosporium flabelliforme*）、粉褶菌（*Entoloma sodale*）、三线镰刀菌（*Gibberella tricincta*）、被毛孢菌（*Hirsutella rhossiliensis*）、湿伞菌（*Hygrocybe acutoconica*）、锥形湿伞（*Hygrocybe conica*）、丝伞盖菌（*Inocybe giacomi*、*I. nemorosa* 和 *I. maculata*）和短梗蠕孢（*Trichocladium opacum*）。粉褶菌、被毛孢菌、*I. maculata* 和短梗蠕

孢真菌在未退化草地显著富集；锥形湿伞和 *I. giacomi* 在轻度退化草地显著富集；赤霉菌和湿伞菌则在重度退化草地显著聚集，即差异物种主要集中于未退化和轻度退化草地。

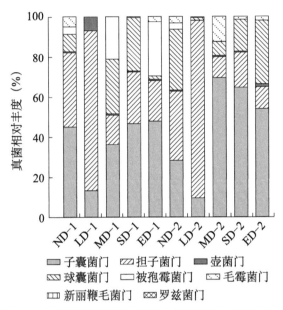

图 3.20 不同程度退化高寒草甸土壤真菌门水平相对丰度

在 10～20 cm 土层（图 3.22），差异物种主要是珊瑚菌属（*Clavaria flavostellifera*）、*Dactylonectria macrodidyma*、丝伞盖属（*I. nemorosa*、*I. maculata*、*I. umbrinella*、*I. giacomi*、*I. flavella* 和 *I. obscurobadia*）、锥形湿伞、红菇菌属（*Russula saliceticola*）和短梗蠕孢。差异物种中，*I. nemorosa*、*I. maculata*、*I. umbrinella*、*I. giacomi*、*I. flavella*、*I. obscurobadia*、湿伞菌和红菇菌属真菌在未退化和轻度退化草地显著富集；珊瑚菌属真菌在中度退化草地显著富集；*D. macrodidyma* 和短梗蠕孢则分别在重度退化和黑土滩退化草地显著聚集。

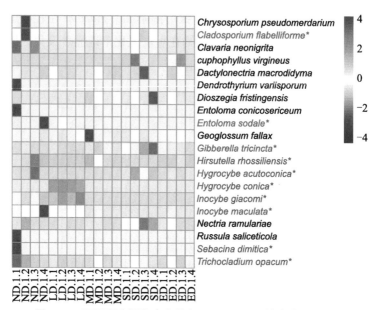

图 3.21　不同程度退化高寒草甸 0～10 cm 土壤真菌差异物种

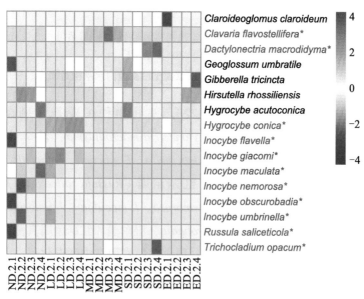

图 3.22　不同程度退化高寒草甸 10～20 cm 土壤真菌差异物种

3.5.3.3 退化高寒草甸土壤真菌群落多样性

对不同程度退化高寒草甸土壤真菌物种多样性进行分析，在
0～10 cm 土层，土壤真菌 Chao1 指数由高到低依次为重度退化草
地＞黑土滩退化草地＞轻度退化草地＞中度退化草地＞未退化草
地，其中，重度退化草地与未退化和中度退化草地间，黑土滩退化
草地与未退化草地间差异显著（$P<0.05$）；在 10～20 cm 土层，重
度退化草地显著高于未退化、轻度退化、中度退化和黑土滩退化草
地，其他草地间差异均不显著（表 3.8）。

表 3.8　不同程度退化高寒草甸土壤真菌 $\alpha-$ 多样性

土层深度（cm）	退化程度	多样性指数		
		Chao1	Shannon-wiener	Simpson
0～10	ND	768.79 ± 58.17c	5.44 ± 1.12a	0.90 ± 0.13a
	LD	961.73 ± 166.16abc	2.78 ± 0.33b	0.50 ± 0.06b
	MD	836.06 ± 113.92bc	4.89 ± 0.65a	0.88 ± 0.06b
	SD	1150.43 ± 103.50a	5.17 ± 0.47a	0.91 ± 0.03a
	ED	1003.71 ± 180.91ab	5.47 ± 0.57a	0.92 ± 0.02a
10～20	ND	754.54 ± 119.35b	4.12 ± 0.98c	0.81 ± 0.14b
	LD	768.86 ± 116.00b	2.41 ± 0.62d	0.45 ± 0.13c
	MD	679.43 ± 69.35b	4.72 ± 0.45bc	0.87 ± 0.05ab
	SD	949.72 ± 56.87a	5.27 ± 0.32ab	0.93 ± 0.02ab
	ED	749.05 ± 111.36b	5.84 ± 0.61a	0.96 ± 0.02a

草地土壤真菌 Shannon-wiener 多样性指数，在 0～10 cm 土
层，轻度退化草地显著低于未退化、中度退化、重度退化和黑土滩
退化草地，其他草地间差异不显著；在 10～20 cm 土层，土壤真菌
Shannon-wiener 指数由高到低依次为黑土滩退化草地＞重度退化草

地 >中度退化草地>未退化草地>轻度退化草地，轻度退化草地与其他草地间差异显著，重度退化和黑土滩退化草地显著高于未退化和轻度退化草地（$P<0.05$）（表3.8）。

在0～10 cm土层，轻度退化和中度退化草地土壤真菌Simpson指数显著低于未退化、重度退化和黑土滩退化草地，其他草地间差异均不显著；在10～20 cm土层，由高到低依次为黑土滩草地>重度退化草地>中度退化草地>未退化草地>轻度退化草地，黑土滩退化与未退化和轻度退化草地，未退化与轻度退化草地间均表现显著差异（$P<0.05$）（表3.8）。即除Chao1指数外，Shannon-wiener指数和Simpson指数在轻度退化草地均最低，其次是中度退化草地。

3.5.3.4　退化高寒草甸土壤真菌功能多样性

基于OTU丰度信息，利用FUNGuild对不同程度退化高寒草甸土壤真菌进行功能注释，根据Trophic的预测结果将土壤真菌依据营养方式划分为病理营养型（Pathotroph，吸取宿主营养并伤害宿主）、共生营养型（Symbiotroph，通过与宿主交换营养来获取营养物质）和腐生营养型（Saprotroph，通过分解已死亡细胞获取营养物质）3种类型。在0～10 cm土层，高寒草甸土壤腐生营养型真菌丰度最高为11.34；其次是病理营养型真菌，丰度为8.23；共生营养型真菌丰度最低，为4.6。在10～20 cm土层，病理营养型真菌丰度最高，为16.49；腐生营养型和共生营养型真菌丰富则分别为7.19和6.5。

经Kruskal-wallis秩和检验3种类型土壤真菌在不同草地均表现显著差异，在0～10 cm土层，在未退化、轻度退化、中度退化、重度退化和黑土滩退化草地，病理营养型真菌丰富分别为5.6、0.63、11.09、14.64和9.2，轻度退化草地与其他草地间均表现显著差异；腐生营养型真菌丰富分别为10.51、3.78、11.62、11.35和19.43，轻度退化与未退化、中度退化、重度退化及黑土滩退化草地间差异显著（$P<0.05$）；共生营养型真菌丰度随草地退化依次为 8.75、5.38、6.77、0.28 和 1.79，除未退化与轻度退化和中度退化、轻度退化与中度退化草地间差异不显著外，其他草地间均表现显著差异（$P<0.05$）（图 3.23）。病理-腐生过渡型及病理-腐生-共生过渡型真菌在未退化草地显著富集，腐生-共生过渡型真菌则在轻度退化草地显著富集。

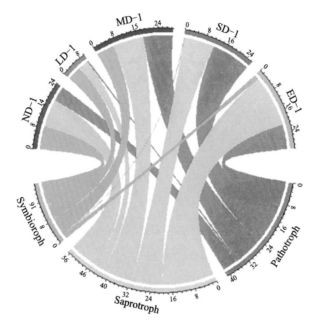

图 3.23　不同程度退化高寒草甸 0～10 cm 土壤真菌群落功能多样性

在 10～20 cm 土层（图 3.24），在未退化、轻度退化、中度退化、重度退化和黑土滩退化草地，病理营养型真菌丰富分别为 15.55、0.57、29.91、13.65 和 22.75，轻度退化草地最低，与其他草地间均表现差异显著（$P<0.05$）；腐生营养型真菌丰富分别为 5.76、3.3、5.21、18.23 和 3.45，重度退化与轻度退化、中度退化

和黑土滩退化草地间差异显著；共生营养型真菌丰度随草地退化依次为 16.47、9.6、4.31、0.49 和 1.64，除未退化与轻度退化草地间差异不显著外，其他草地间均表现显著差异（$P<0.05$）。共生营养型及腐生-共生过渡型真菌在未退化草地和轻度退化草地显著富集，病理型和病理-腐生过渡型真菌在中度退化草地显著富集，腐生营养型、病理-腐生过渡型、病理-腐生-共生过渡型及病理-共生过渡型真菌则在重度退化和黑土滩退化草地显著富集。

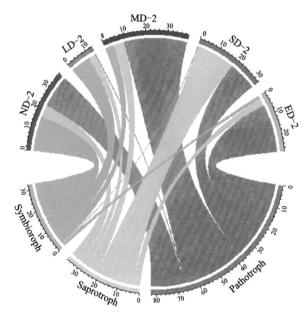

图 3.24 不同程度退化高寒草甸 10～20 cm 土壤真菌群落功能多样性

3.5.3.5 退化高寒草甸土壤真菌群落结构

采用 R 语言 Vegan 对不同退化程度高寒草甸土壤微生物 Bray 距离进行 NMDS（非度量多维标度）分析（图 3.25），并采用 Kruskal-wallis 对群落结构进行秩和检验。结果显示，0～10 cm 土层土壤真菌群落结构在不同草地间差异显著（$P=2.83e-5$），$10\sim20\ cm$ 土层土壤真菌群落结构除中度退化、重度退化和黑土滩退化草地间差异不显著外，其他草地间均表现显著差异（$P<0.05$）。

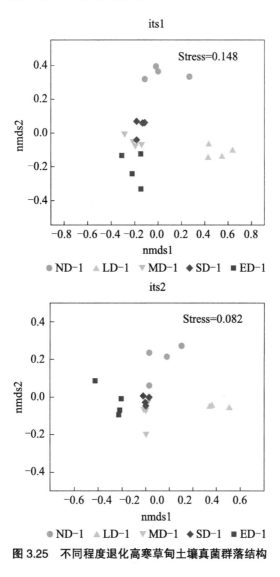

图 3.25　不同程度退化高寒草甸土壤真菌群落结构

3.5.3.6 讨 论

本研究中，不同阶段退化高寒草甸土壤真菌OTU数目359～786条，仅为细菌的1/10～1/9。尚占环等（2007）在果洛高寒草甸土壤培养获得的细菌数量为（535.8～1 718.7）×10^4 cfu/g，而培养获得的真菌数量仅为（0.19～0.3）×10^4 cfu/g，高寒草地土壤细菌数量最多，占微生物总数的93.12%～98.41%，其次是放线菌，而真菌数量最少，高寒草甸土壤中细菌数量远高于真菌数量（于健龙和石红霄，2011；曾智科，2009），本研究也证实了这一结论。曾智科（2009）研究发现，草地退化后真菌数量增加，认为可能与植物根系分泌物有关，包括氨基酸、碳水化合物、脂肪酸、有机酸、核普酸、酶及生长素等，这些分泌物在为微生物提供有效碳素和氮素的同时也含有影响微生物生长的物质（顾峰雪等，2000）；此外，植物的质和量也必然引致土壤微生物在各植物群落中的分布的不均一性。土壤真菌数量因草地退化而减少，重度退化后土壤真菌数量有所增加，认为与草地植被多样性有关，丰富的植物多样性对土壤具有相对强烈的改造作用，因此使得土壤微生物具有较高的物种多样性和较广的相互作用的资源区域，进而提供了更多更广的土壤微生物扩繁的微环境（尚占环等，2007）。草地退化后，土壤微生物数量大幅减少，且以真菌降幅最为明显，认为是植被地上生物量减少，根系分泌物降低，土壤有机质含量下降，土壤微环境改变而不利于微生物生长所致；同时，草地退化后植被覆盖度降低，地表裸露面积增大，太阳直射土壤引致土壤表层温度剧增，进而影响了土壤微生物的栖息微环境，导致土壤微生物数量的大幅减少（于健龙和石红霄，2011）。不同学者研究结果存在分歧，本研究未对草地植物根系分泌物进行研究，重度退化及黑土滩退化草地植物根系分泌物与土壤真菌之间是否存在促抑关系尚需进一步研究证实。

实验自高寒草甸土壤样品中读取的真菌分属于8个门，子囊菌门、担子菌门和被孢霉菌门为高寒草甸土壤优势真菌。草地退化显著改变了土壤真菌物种组成，枝孢菌、粉褶菌、镰刀菌、被毛孢菌、湿伞菌、锥形湿伞、丝伞盖菌和短梗蠕孢、珊瑚菌、*D. macrodidyma* 和红菇菌属是主要差异物种，差异物种在未退化和轻度退化草地显著富集。真菌被认为是分解凋落物的关键角色，凋落物的降解是一系列的分解过程，前期主要是有机酸、寡糖、纤维素和半纤维素等的分解，然后是木质素等的降解，在转化过程中，凋落物的质和量都会发生变化，与凋落物相关的微生物的活动也会发生变化，不同分解阶段对真菌的分解能力需求不同，子囊菌门在植物活体和分解的早期阶段显示出最高的相对丰度，担子菌门相对丰度则随着分解时间的推移而增加，纤维素分解真菌的群落随着时间的推移发生较大变化，枯枝落叶分解是一个由多种真菌类群介导的高度复杂的过程（Voriskova and Baldrian, 2013），特定真菌物种与特定凋落物类型具有选择关联性（Hooper et al., 2000）。土壤真菌群落以子囊菌为主，占序列的90.9%（Yang et al., 2017）；Li 等（2016）自那曲高寒草甸土壤中读取的真菌序列以子囊菌为主要类群，其次是担子菌，未退化、中度退化和重度退化草地间真菌种类组成存在显著差异，与本研究结果基本一致。相比未退化草地，退化降低了子囊菌真菌丰度，而提高了担子菌真菌丰度；与未退化和中度退化草地草地相比，重度退化使得土壤病原真菌（如 *Didymellaceae* 和镰刀菌）丰度分别升高了40倍和8倍（Li et al., 2016），*Gibberella*（Fusarium）*tricincta* 可产生镰刀菌毒素，引致苜蓿、常春藤、小麦等多种植物发病（郭炜，2018；丛丽丽等，2017；El-Gholl et al., 1978），本研究中随草地退化加重 *Gibberella*（Fusarium）*tricincta* 丰度增加，草地退化可能增加了高寒草甸植物-土壤生态系统的潜在健康风险，助长了植物病原菌的生长繁殖，进而对禾本科、莎草科等优势植物种致病，使其从草地植被群落中退出，由耐病的毒害草所替代并占据优势，形成新的植被群落结构。此外，草地退化可能与差异真菌物种的离散消失有关，真菌差异物种在未退化和轻度退化草地显著富集，形成了更加复杂且稳定的微生物网络关系；草地退化地上植被物种组成改变了真菌可利用分解底物，加之退化草地毒草（如黄帚橐吾）等的增多，植物-微生物及微生物-微生物间的促抑关系随之发生变化，进而引致土壤真菌物种组成的改变。

高寒草甸土壤真菌 Chao1 指数、Shannon-wiener 指数和 Simpson 指数在不同草地间均表现显著差异，重度退化增加了草地土壤真菌 Chao1 指数，轻度退化显著降低了土壤真菌 Shannon-wiener 指数和 Simpson 指数。Li 等（2016）研究指出，那曲不同退化阶段高寒草甸土壤真菌物种丰富度和 Shannon-Wiener 指数存在差异，二者均随退化的增加而显著增加，中度退化和重度退化显著改变了真菌的组成，增加了真菌多样性，土壤养分状况是控制真菌组成变化的最重要因素，真菌多样性与土壤物理结构的密切相关，与本研究结果不尽一致。本研究发现与未退化草地相比，重度退化和黑土滩退化对真菌 Shannon-wiener 指数和 Simpson 指数无影响，在大尺度范围内，真菌多样性和植物多样性之间具有较强的相关性（Hooper et al.，2000），认为高的植物多样性可产生更多种的根系分泌物，且会导致土壤中高多样性的枯落物，这种资源异质性可以导致分解者和降解者更大的多样性；但是在区域范围，与区域演变、区域土壤环境、区域生物群之间的相互作用和协同进化等因素有关（Yang et al.，2017；Toju et al.，2014；Peay et al.，2016），除菌根真菌外，所有真菌和功能群的丰富度与植物多样性无明显相关性，植物-土壤反馈不影响全球范围内土壤真菌的多样性，真菌遵循与植物和动物相似的生物地理模式，除了几个主要的分类和功能类群与总体模式背道而驰（Tedersoo et al., 2014）；Peay 等（2013）发现在亚马孙河西部，在贫瘠的沙质土壤中，树木和真菌的多样性都较低，而在富裕的黏土土壤中，树木和真菌的多样性相对较高；土壤碳氮（C∶N）比，土壤磷和可溶性有机碳等其他因素对土壤真菌的丰富度具有重要影响（Yang et al., 2017），而非生物因素控制土壤真菌的 α-多样性（Hu et al., 2019）。高寒草甸退化过程中，单独地上植被因子或者土壤理化性质与土壤真菌多样性无明显相关关系，生物与非生物因子之间复杂的协同互作是影响土壤真菌多样性变化的重要因素。

Funguild 功能注释结果显示，病理营养型、共生营养型和腐生营养型真菌丰度在不同草地均表现显著差异。轻度退化降低了病理营养型真菌丰度，重度退化减少了共生营养型真菌丰度。在草地退化过程中，真菌-植物间的营养关系存在协同进化，自然界中，植物通常对大多数病原体具有抵抗力，因此，共生和中生关系占主导地位。真菌与植物之间的相互作用是复杂的，结果也是多种多样的，多种真菌可以结合成不同的生活方式，即腐生型、致病型或共生型，并且它们之间的界线通常是不明确的（Zeilinger et al., 2016）。长期以来，微生物已经进化出抑制或掩盖寄主植物防御反应的策略，使其能够附生或内生定殖在寄主体内（Zamioudis and Pieterse, 2012）。共生和寄生这两种类型的真菌—植物相互作用都可以从进化的角度来看待：在病理营养型的情况下，真菌成功进化成了寄生物，而在另一种情况下，真菌与植物一起成功进化成了共生体（Zeilinger et al., 2016）。轻度退化降低了病理营养型真菌丰度，可能与草地利用有关，放牧可以去除草原植被中的植物病害组织，减少初始感染病原体的数量，从而控制植物病害（刘勇等，2016；Wennström and Ericson, 1991）。此外，牲畜可以通过排泄改变土壤中的有效元素来控制牧草疾病（刘勇等，

2016）。同时，放牧降低了真菌和细菌的比例，从而有效控制了一些土传真菌病害（Chen，2014）。

NMDS结果显示，0～10 cm土层，土壤真菌群落结构在不同草地间差异显著；10～20 cm土层，真菌群落差异主要表现在未退化、轻度退化与其他草地间。青藏高原高寒草甸退化过程中，真菌群落在不同草地间差异显著（Li et al.，2016），与本研究结果一致。同细菌群落结构一样，真菌群落结构同样受到多种环境变量的影响，例如温度（Newsham et al.，2016）、纬度及降水量（Tedersoo et al.，2014）、海拔（Bahram et al.，2012）、土壤pH值（Rousk et al.，2009）、土壤养分（Chen et al.，2017；Cui et al.，2019；Hu et al.，2014）和植被群落（Zhang et al.，2014；Prober et al，2015；Yang et al.，2017）。在全球尺度上，气候因子对土壤真菌丰富度和群落组成的影响最大，其次是土壤和空间格局（Tedersoo et al.，2014）。土壤有机碳和氮含量等环境因素是青藏高原活跃层土壤中细菌、古菌和真菌群落结构变化的主要驱动因素（Chen et al.，2017）；土壤真菌群落结构受土壤温度、pH值、碳氮比、土壤质地等因子影响（Cui et al.，2019；Chen et al.，2016；Hu et al.，2014）。本试验未对高寒草甸气候及土壤温度等非生物因素进行监测，其与土壤真菌群落结构的关系尚待进一步研究，而本研究中土壤pH值、土壤碳氮比、土壤全效及速效养分含量等土壤环境因子在不同草地间均表现显著差异，可能是引致真菌群落结构差异的主要因素。地上植物的消失可能会限制某些土壤微生物群落的发展和种群组成（Zhang et al.，2014），高寒草甸退化过程中禾本科及莎草科植物种消失，而由菊科黄帚橐吾及其他毒杂类草取代，黄帚橐吾作为有毒植物，其在重度退化及黑土滩退化草地的大量出现可能对土壤真菌产生化感作用，进而改变土壤真菌群落结构。石国玺等（2018）研究发现，黄帚橐吾种群扩展引致土壤微生物功能多样性的改变，关于高寒草甸黄帚橐吾对土壤微生物群落结构的影响尚需进一步考证。

3.5.3.7 小 结

不同阶段退化高寒草甸土壤真菌 OTU 数目 359～786 条，高寒草甸土壤真菌序列 OTU 数远低于细菌 OTU，真菌 OTU 数目为细菌的 1/10～1/9，草地退化增加了土壤真菌 OTU。子囊菌门、担子菌门和被胞霉菌门为高寒草甸土壤优势真菌。高寒草甸不同土层真菌相对丰度变化趋势不同，草地退化显著改变了土壤真菌物种组成，子囊菌门、担子菌门、被孢霉门，球囊菌门、罗兹菌门 / 隐菌门、壶菌门、毛霉菌门在不同草地间均表现显著差异。枝孢菌、粉褶菌、镰刀菌、被毛孢菌、湿伞菌、锥形湿伞、丝伞盖菌和短梗蠕孢、珊瑚菌、*D. macrodidyma* 和红菇菌属是主要差异物种。草地退化增加了土壤病原真菌 *G. tricincta* 丰度。重度退化增加了草地土壤真菌 Chao1 指数，轻度退化则显著降低了土壤真菌 Shannon-wiener 指数和 Simpson 指数。病理营养型、共生营养型和腐生营养型真菌丰度在不同草地均表现显著差异，腐生-共生过渡型、病理-腐生过渡型及病理-腐生-共生过渡型真菌在未退化草地显著富集；轻度退化增加了腐生-共生过渡型真菌丰度，降低了病理营养型真菌丰度；重度退化减少了共生营养型真菌丰度。高寒草甸退化改变了土壤真菌群落及功能结构。

4

黄河源区退化高寒草甸生态系统恢复及调控机理

4.1 退化高寒草甸人工修复技术及生态修复现状

高寒草甸的生产者、消费者和分解者等生物因子以及气象、土壤等非生物因子，共同构成了高寒草甸生态系统。系统内各因子之间通过物质循环、能量流动和信息传递方式，以协同互作和竞争制约的关系紧密联系在一起，形成了具有自我调节恢复功能的复合体。草地退化是生态系统结构失调、功能衰退、系统失衡的一种表观现象，退化草地治理需统观生态系统全局，调整系统内各组分的结构比例以及它们之间的相互关系，通过外界人为干扰引导系统向健康方向恢复发展。

退化草地生态系统修复不仅包含草地植被的修复，也包含土壤的修复。草地地上与地下部分、生物与非生物因子的作用与反馈是贯穿草地生态系统的重要纽带。同时，草地退化的治理与当地经济和社会发展紧密相关，不能割裂经济增长而单纯从草业科学的角度讨论草地资源的可持续利用，也不能不考虑不同生态类型和区域特点下草地发展的差异性（姬超和颜玮，2013）。早在 20 世纪 80 年代，霍义就提出对青海省果洛州重度退化草地应进行翻耕种草、恢复植被，中度退化草地采用松耙改良，轻度退化草地封育改良。目前，对于退化草地恢复治理的措施主要有围栏封育、补播、施肥和人工草地建植等。围栏封育是退化草地生态修复的一种重要技术手段，对植被处于近自然恢复状态的轻度退化草地有一定的修复作用（高凤等，2017），旨在通过人为干扰促进植被的演替，增加草地生态系统的稳定性（李美君，2016）。依据封育的程度可分为完全封育、季节封育和轮封–轮开 3 种，目的是通过人为干预，解除牲畜的采食、践踏及粪便等外界干扰，给退化草原植被得以休养生息的机会，为植物生长、发育和繁殖提供有利条件，使草原生态系统在自身更新能力下进行恢复演替。80 年代，随着草场划分到户政策的实施，我国牧区开始实施草场的家庭承包制，草场围栏也随之陆续出现，其主要功能是划分草原边界。随着畜草双承包到户改革逐渐深入，围封草地的家畜生产效率和牧户经济收入不断增加，推动了牧户对围栏建设的积极性。2000 年以来，围栏作为生态修复工程进入牧户，政府增大了对围栏建设的补贴，逐步启动了如"草原生态保护奖励机制""退耕还林（草）""退牧还草"等国家级生态工程，这些工程项目设有专项围栏建设任务和补贴。

围栏建设作为草地退化恢复保护的重要内容，推动了牧民对围栏建设的积极性和围栏建设在牧区的全面普及，围栏封育逐渐发展为被社会公众认可的恢复退化草原省钱、省力、最为可行的方法，能更好地促进土壤有机质的形成和积累，在调节植物种群特征、群落结构、物种多样性、植物区系、土壤条件和系统功能等多个方面具有积极作用。然而，伴随着围栏建设发展和利用年限增加及不合理过度使用，围栏的弊端也逐渐突现，例如，一定程度上影响了草地生态系统食物链与食物网，引发一系列负面生态学后果（金轲，2020），同时，不合理的围栏禁牧管理方式，导致草场资源浪费、草地经济价值丧失、土壤富营养化、灌丛植被群落占据优势、草场质量下降、生物多样性减少等生态失衡现象。程雨婷（2020）对围栏封育后我国牧区草地植被与土壤恢复情况进行了 Meta 分析，结果显示，围栏封育不利于植物多样性的维持，随着围封年限延长其生态恢复效应呈现出先增加而后降低的趋势，恢复草地植被特征最适宜的封育年限是 6～10 年。当前，如何合理利用围栏、优化围栏轮牧—轮休制度，在保障牧民的经济收益的同时维持草地生态系统的平衡发展，尚需更多的理论与科技支撑。

草地补播是在不破坏或少破坏原有植被的情况下，通过播种适宜草种来调整草地群落结构，加强优良牧草竞争优势，调节草地植被物种组成，提高草层高度，扩大草地植被盖度，进而达到提高草地生产力和改善草地状况的目的，是对中重度退化草地快速恢复治理的有效途径之一（贾慎修等，1989；李以康等，2017）。在我国，文献记载草地补播措施最早在 20 世纪 80 年代开始实施（韩玉风等，1981），后广泛应用于干旱半干旱草原、温带草原、荒漠草原、平原低地草甸和高寒草甸等草地类型。40 年来，国内外研究学者对补播后草地生产力、植物多样性和植被群落特征等开展了广泛研究（张永超等，2012；杨增增等，2018；曹子龙等，2009；冯忠心等，2013；王伟等，2017；赵文等，2020；尹亚丽等，2020），且普遍认为补播后草地植被地上生物量增加，莎草科和禾本科等优良牧草占比升高，而杂类草占比降低，草地植被群落物种数、丰富度等多样性指数升高。

退化草地补播改良，应因地制宜地进行草种选择。补播草种的选择首先考虑其生态适应性，根据不同草原类型的地理分布及自然条件（水热条件及土壤环境）进行选择，其次应选择对退化草原土壤的反馈作用呈中性或正反馈营养价值高的优质豆科或禾本科植物，通常以该植被演替的顶级或亚顶级群落的优势植物和次优势植物或与其相似种为最佳草种（张英俊等，2020）。现有研究发现，退化草地补播乡土植物更易成功建植，补播乡土草种不仅缩短了草地自然恢复进程，在提高草地生产力的同时，也促进植物群落结构改善，可快速恢复草地生态系统的稳定性和多功能性（宋彩荣等，2005；张英俊等，2020）。在青藏高原补播草种以披碱草、老芒麦、青海草地早熟禾、中华羊茅、冷地早熟禾、无芒雀麦和冰草等禾本科植物为主。据统计，青藏高原适宜补播改良修复的退化草地的面积约 $4.98 \times 10^3 \text{ hm}^2$，但目前乡土草种子繁育田面积小、种子产量低、质量差，加之难以收获，使得大面积的乡土草种补播改良受到限制（张英俊等，2020）。现阶段，退化草地由于补播的商业草种选择不当，补播草种在免耕环境下易受到原生植被的竞争排除，加上补播技术和补播改良草地后续管理不到位等诸多因素综合影响，引发了免耕补播草种成活率低、补播草地利用年限短、草地群落稳定性差、补播改良成本高、效益低等一系列问题（张英俊等，2020）。亟须加强乡土草种资源的挖掘选育，为高寒地区草地生态修复提供基础保障。

人工草地作为草地经营的高级形式，是在人为措施的强力干预下，综合利用各类农业技术，结合当地的生态条件和经济利用目标，在完全破坏原有植被的基础上，通过人为播种适宜的草种而建立的人工植物群落。人工草地建植在一定程度上阻止了土壤环境的进一步恶化和草地的放牧压力（王长庭等，2007；顾梦鹤等，2010；李海等，2013）。统计资料表明，2013 年，我国人工草地面积约 $2.09 \times 10^7 \text{ hm}^2$，比 1990 年增加了 2 倍以上（沈海花等，2016）。青海省人工草地的建设可追溯至 20 世纪 60 年代，据记载，1960 年，青海省南部牧民群众就开始改造退化秃斑草地，1978 年，青海省果洛州草原站在达日县旦塘地区种植了垂穗披碱草 41 hm^2（纪亚君，2011）。马玉寿等 2005 年提出三江源区重度和"黑土型"退化草地，必须通过建植人工草地和半人工草地的手段恢复与重建。三江源区退化草地恢复过程中，常采用披碱草、老芒麦、青海草地早熟禾、中华羊茅、冷地早熟禾、无芒雀麦和冰草等多年生牧草建植人工草地，已经取得了较好的经济效益和生态效益。自 2006 年以来，国家和青海省投入大量的人力、物力，在三江源区建植人工草地约 $1.6 \times 10^5 \, \text{hm}^2$，部分缓解了该地区天然草地压力及草畜矛盾问题，也在一定程度上遏制了局部生态环境的进一步恶化（董全民等，2006）。截至 2013 年，青海省人工草地面积 $7.99 \times 10^5 \, \text{hm}^2$，占全国人工草地总面积的 3.82%（图 4.1，图 4.2）。

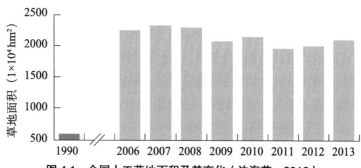

图 4.1　全国人工草地面积及其变化（沈海花，2016）

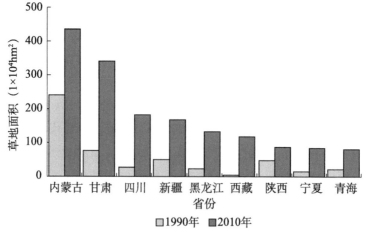

图 4.2　不同省（区）人工草地面积及其变化（沈海花，2016）

然而，采用多年生禾本科植物建植的人工草地，由于连年重茬种植且牧草品种结构单一，加之缺乏人为措施对土壤肥力的后续补偿，致使草地在利用 3～5 年后趋于二次退化，地力明显衰退，产草量逐年大幅度下降，5～8 年后植物群落出现逆向演替（王长庭等，2007）。因此，在高寒地区发展人工草地，对草种进行优化组合，加强草地后续管理利用，在退化草地治理的同时保护草地生态环境、保障高寒地区草地畜牧业的平稳发展。

4.2 研究方案

针对不同退化阶段草地采取相应修复措施，于 2006 年对轻度退化草地实施围封处理（Enclosing，EN），对中度退化草地采用青海草地早熟禾等草种进行补播处理（Reseeding，RS），对重度退化和黑土滩退化草地采用青海草地早熟禾和披碱草等草种进行混播人工建植（Artificial seeding，AS），所有措施实施年限均为 10 年，各重复 4 次。2016 年 8 月，在各试验地随机调查 50 cm×50 cm 的样方植被群落特征，并测定样方内草地植物地上生物量和地下生物量。同时采用蛇形取样法，以直径 3.5 cm 的土钻，采集 0～10 cm 和 10～20 cm 土样，每样地 5～8 点土壤混合为 1 个土样，捡除枯物、石粒及植物根系等，分成两份，一份室内风干后，用于土壤理化性质及酶活性测定；一份于采样当日冰盒取回低温保存用于土壤微生物特征测定。

4.3 退化高寒草甸植被恢复技术及其修复效应分析

4.3.1 不同修复措施下高寒草甸植被群落特征

对不同程度退化草地实行对应修复措施，结果显示，围封对轻度退化高寒草甸物种丰富度指数、多样性指数、优势度指数和均匀度指数均影响不大；补播和人工草地建植降低了中度退化草地和重度及黑土滩退化草地物种丰富度指数、多样性指数、优势度指数和均匀度指数（表 4.1）。采用早熟禾和披碱草等草种对中度和重度、黑土滩退化草地进行修复治理，使得草地物种单一化，由此导致草地物种丰富度指数、多样性指数、优势度指数和均匀度指数降低。

表 4.1　不同修复措施高寒草甸植被群落特征

样地	物种丰富度指数	物种多样性指数	优势度指数	均匀度指数
轻度退化	28	2.784	0.911	0.842
围封	29	2.766	0.936	0.830
中度退化	24	2.696	0.907	0.846
补播	18	2.229	0.837	0.768
重度退化	19	2.537	0.894	0.870
黑土滩	19	2.344	0.863	0.809
人工建植	13	1.587	0.700	0.625

4.3.2　退化高寒草甸修复对草地第一生产力的影响

4.3.2.1　不同修复措施下草地植被地下生物量的分配特征

围封和补播对轻度退化和中度退化草地各土层地下生物量均无显著影响；人工建植草地 0～10 cm 和 0～20 cm 地下生物量显著低于重度退化草地，各土层地下生物量与黑土滩草地无显著差异。围封和补播提高了轻度退化和中度退化草地 0～10 cm 土层地下生物量占总生物量的比值（表 4.2）。高寒草甸受特殊环境气候特征影响，植物生育期较短，生物量尤其是地下生物量积累较慢，退化草地修复是一个缓慢而漫长的过程，其修复效果不仅体现在地上植被的表观上，更重要的是地下环境的修复。

表 4.2　不同修复措施下高寒草甸地下生物量的垂直分布特征

样地	地下生物量（kg/m²）			0～10 cm 土层生物量占总生物量比值（%）
	0～10 cm	10～20 cm	0～20 cm	
轻度退化	3.49 ± 0.67a	0.55 ± 0.05a	4.04 ± 0.67a	86.4
围封	4.89 ± 0.74a	0.59 ± 0.13a	5.48 ± 0.82a	89.1
中度退化	3.42 ± 0.63a	0.50 ± 0.03a	3.92 ± 0.65a	87.2
补播	3.49 ± 0.26a	0.43 ± 0.05a	3.92 ± 0.23a	89.0
重度退化	3.11 ± 0.24a	0.50 ± 0.23a	3.61 ± 0.47a	86.2
黑土滩	1.70 ± 0.50b	0.32 ± 0.09a	2.02 ± 0.57b	84.1
人工建植	1.21 ± 0.08b	0.36 ± 0.05a	1.57 ± 0.13b	77.4

4.3.2.2　不同修复措施下草地植被地上生物量的积累

对轻度退化草地实施围封后，草地地上干物质量显著降低，降幅达 150g/m²；对中度退化草地实施补播后，草地地上干物质量增加，但是增幅未达显著水平（$P < 0.05$）；对重度退化和黑土滩退化草地实施人工建植后，草地地上干物质量显著增加（图 4.3）。

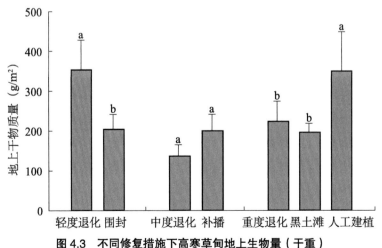

图 4.3　不同修复措施下高寒草甸地上生物量（干重）

4.4 退化高寒草甸植被恢复过程中土壤性质及酶活性的演变趋势

4.4.1 不同修复措施下草地土壤理化性质变化特征

对轻度退化草地实施围封，显著提高了草地0～10 cm土壤含水量；补播和人工建植对中度和重度、黑土滩退化草地土壤含水量无显著影响（表4.3）。

表4.3 不同修复措施下草地土壤含水量、pH值及有机碳含量

样地	0～10 cm		
	含水量（%）	pH值	SOC（g/kg）
轻度退化	46.58 ± 1.80a	6.57 ± 0.38a	129.58 ± 13.06a
围封	48.98 ± 1.60b	6.47 ± 0.12a	132.96 ± 11.26a
中度退化	23.13 ± 2.93a	7.52 ± 0.29a	48.68 ± 6.37a
补播	23.89 ± 1.09a	6.71 ± 0.12b	55.23 ± 6.40a
重度退化	21.52 ± 2.00a	7.34 ± 0.08a	50.37 ± 4.99a
黑土滩	23.99 ± 2.28a	7.35 ± 0.11a	48.78 ± 11.46a
人工建植	22.21 ± 0.37a	7.56 ± 0.24a	38.19 ± 6.86a
样地	10～20 cm		
	含水量（%）	pH值	SOC（g/kg）
轻度退化	32.01 ± 0.71a	7.09 ± 0.24a	55.51 ± 4.76a
围封	31.86 ± 3.62a	6.84 ± 0.08a	52.83 ± 7.65a
中度退化	22.18 ± 3.06a	8.31 ± 0.05a	25.20 ± 4.99a
补播	18.81 ± 1.77a	7.88 ± 0.29a	30.76 ± 7.39a
重度退化	19.65 ± 0.48b	8.20 ± 0.08a	32.38 ± 4.94a
黑土滩	21.91 ± 1.47a	7.55 ± 0.06b	33.66 ± 6.85a
人工建植	20.57 ± 0.26ab	8.31 ± 0.12a	25.88 ± 1.42a

围封对轻度退化草地 0～10 cm 和 10～20 cm 土层土壤 pH 值均无显著影响；补播显著降低了中度退化草地 0～10 cm 土壤 pH 值，而对 10～20 cm 土层土壤 pH 值影响较小；人工建植对重度退化草地 0～10 cm 和 10～20 cm 土层土壤 pH 值无显著影响；黑土滩退化草地进行人工修复后，0～10 cm 土壤 pH 值无显著变化，10～20 cm 土壤 pH 值显著升高。

在 0～10 cm 和 10～20 cm 土层，对轻度退化、中度退化、重度退化和黑土滩退化草地分别实施围封、补播和人工建植恢复措施后，草地土壤有机碳含量均无显著变化。高寒草甸年均温低，年降水量少，且多集中在 6—9 月，物质循环缓慢，微生物活动受限，导致土壤有机碳短期内变化不明显。此外，人工建植草地是在重度和黑土滩退化草地对原有草地进行深耕后人工播种建植，故土壤中有机质含量低。

围封对轻度退化草地 0～10 cm 和 10～20 cm 土壤全氮含量无显著影响；补播提高了中度退化草地 0～10 cm 土壤全氮含量，对 10～20 cm 土层无显著影响；人工草地建植对重度和黑土滩退化草地两土层土壤全氮均未表现显著影响（表 4.4）。

表 4.4　不同修复措施草地土壤全氮、全磷、全钾含量　　单位：g/kg

样地	0～10 cm		
	全氮	全磷	全钾
轻度退化	11.87 ± 0.89a	0.79 ± 0.03a	16.26 ± 0.78a
围封	12.63 ± 0.53a	0.78 ± 0.02a	15.31 ± 0.24a
中度退化	3.71 ± 0.25b	0.56 ± 0.02b	21.37 ± 0.44a
补播	4.50 ± 0.65a	0.71 ± 0.04a	20.46 ± 0.52b
重度退化	5.00 ± 0.32a	0.81 ± 0.03a	19.16 ± 0.43a
黑土滩	5.30 ± 1.36a	0.81 ± 0.01a	19.37 ± 0.58a
人工建植	4.02 ± 0.47a	0.79 ± 0.05a	19.65 ± 0.35a

（续表）

样地	10～20 cm		
	全氮	全磷	全钾
轻度退化	5.56 ± 0.75a	0.61 ± 0.03a	19.58 ± 0.04a
围封	5.89 ± 0.85a	0.60 ± 0.02a	18.88 ± 1.18a
中度退化	2.45 ± 0.63a	0.51 ± 0.01a	22.06 ± 0.42a
补播	2.35 ± 0.09a	0.62 ± 0.01a	20.94 ± 0.56b
重度退化	3.18 ± 0.28a	0.72 ± 0.02a	19.45 ± 0.39a
黑土滩	3.56 ± 0.15a	0.68 ± 0.02a	18.72 ± 0.41a
人工建植	3.31 ± 0.30a	0.69 ± 0.02a	19.19 ± 0.57a

　　围封对轻度退化草地 0～10 cm 和 10～20 cm 土壤全磷含量无显著影响；补播显著提高了中度退化草地 0～10 cm 土壤全磷含量，对 10～20 cm 土层无影响；人工草地建植对重度和黑土滩退化草地两土层土壤全磷均未表现显著影响（表 4.4）。

　　围封对轻度退化草地 0～10 cm 和 10～20 cm 土壤全钾含量无显著影响；补播显著降低了中度退化草地 0～10 cm 和 10～20 cm 土壤全钾含量；人工草地建植对重度和黑土滩退化草地两土层土壤全钾均无显著影响（表 4.4）。

　　在 0～10 cm 土层，对轻度退化、重度退化和黑土滩退化草地分别实施围封和人工建植恢复措施后，草地土壤铵态氮含量均无显著变化；对中度退化草地实施补播措施后，草地土壤铵态氮含量显著升高（$P<0.05$）（表 4.5）。在 10～20 cm 土层，对轻度退化、中度退化、重度退化和黑土滩退化草地分别实施围封、补播和人工建植恢复措施后，草地土壤铵态氮含量均呈上升趋势，与轻度退化草地相比，围封后土壤铵态氮含量显著升高；中度退化草地实施补播后土壤铵态氮含量升高 0.991 mg/kg，但与中度退化草地相比差异

不显著（*P*＜0.05）；重度退化和黑土滩退化草地实施人工建植后，土壤铵态氮含量均显著升高，重度退化和黑土滩退化草地间差异不显著（表4.6）。

表4.5 不同修复措施下0～10 cm草地土壤速效养分含量

单位：mg/kg

样地	土壤速效养分含量			
	铵态氮	硝态氮	速效磷	速效钾
轻度退化	0.899 ± 0.117a	1.097 ± 0.312aa	18.702 ± 5.589a	212.875 ± 31.589a
围封	0.670 ± 0.109a	0.836 ± 0.198a	16.578 ± 5.252a	180.923 ± 17.429a
中度退化	3.429 ± 0.444b	1.151 ± 0.274a	4.454 ± 2.068b	141.750 ± 12.059b
补播	4.326 ± 0.371a	1.383 ± 0.348a	8.744 ± 2.626a	286.821 ± 29.887a
重度退化	2.532 ± 0.478a	2.309 ± 0.480a	7.473 ± 1.246b	191.192 ± 19.098a
黑土滩	3.145 ± 0.533a	1.831 ± 0.335a	10.817 ± 0.692a	224.368 ± 23.118a
人工建植	2.777 ± 0.651a	2.668 ± 1.046a	9.053 ± 2.177ab	206.634 ± 23.547a

表4.6 不同修复措施下10～20 cm草地土壤速效养分含量

单位：mg/kg

样地	土壤速效养分含量			
	铵态氮	硝态氮	速效磷	速效钾
轻度退化	2.225 ± 0.429b	1.701 ± 0.685a	3.258 ± 1.193a	73.410 ± 22.058a
围封	3.230 ± 0.377a	1.625 ± 0.529a	2.388 ± 1.703a	57.918 ± 13.905a
中度退化	3.185 ± 0.567a	2.394 ± 0.397a	3.968 ± 2.924a	75.399 ± 16.912a
补播	4.175 ± 1.600a	2.889 ± 0.850a	1.793 ± 0.610a	77.410 ± 12.075a
重度退化	2.763 ± 0.459b	3.831 ± 0.150a	3.036 ± 0.523a	45.649 ± 9.742b
黑土滩	2.267 ± 0.293b	3.828 ± 1.144a	2.884 ± 1.384a	77.275 ± 15.682a
人工建植	3.563 ± 0.503a	3.711 ± 0.577a	1.751 ± 0.962a	60.228 ± 13.685ab

0～10 cm 和 10～20 cm 土层，对轻度退化、中度退化、重度退化和黑土滩退化草地分别实施围封、补播和人工建植恢复措施后，与相应退化草地相比，土壤硝态氮含量均无显著变化（表 4.5，表 4.6）。

0～10 cm 土层，对轻度退化、重度退化和黑土滩退化草地分别实施围封和人工建植恢复措施后，草地土壤速效磷含量未见显著变化；对中度退化草地实施补播后，草地土壤速效磷含量升高了 4.80 mg/kg，且与中度退化草地相比差异显著（$P<0.05$）（表 4.5）。在 10～20 cm 土层，对轻度退化、中度退化、重度退化和黑土滩退化草地分别实施围封、补播和人工建植恢复措施后，草地土壤速效磷含量均无显著变化（表 4.6）。

0～10 cm 土层，对轻度退化、重度退化和黑土滩退化草地分别实施围封和人工建植恢复措施后，草地土壤速效钾含量未见显著变化；对中度退化草地实施补播后，草地土壤速效钾含量升高了 145.07 mg/kg，且与中度退化草地相比差异显著（$P<0.05$）（表 4.5）。在 10～20 cm 土层，对轻度退化、中度退化、重度退化和黑土滩退化草地分别实施围封、补播和人工建植恢复措施后，与相应退化草地相比土壤速效钾含量均无显著变化（表 4.6）。

4.4.2 不同修复措施下草地土壤酶活性变化特征

在 0～10 cm 土层，对轻度退化、中度退化和重度退化草地分别实施围封、补播和人工建植恢复措施后，草地土壤脲酶活性未见显著变化；对黑土滩退化草地实施人工建植后，草地土壤脲酶活性显著升高（$P<0.05$）；在 10～20 cm 土层，在轻度退化、中度退化、重度退化和黑土滩草地分别实施围封、补播和人工建植恢复措施后，草地土壤脲酶活性均未见显著变化（表 4.7）。

表 4.7　不同修复措施草地土壤脲酶、磷酸酶、蔗糖酶活性

单位：mg/（g·d）

样地	0～10 cm		
	脲酶	磷酸酶	蔗糖酶
轻度退化	0.05 ± 0.01a	0.36 ± 0.04a	154.40 ± 4.63a
围封	0.08 ± 0.03a	0.28 ± 0.02b	156.33 ± 10.44a
中度退化	0.15 ± 0.03a	0.31 ± 0.02a	120.47 ± 1.70b
补播	0.16 ± 0.02a	0.33 ± 0.05a	152.19 ± 11.84a
重度退化	0.15 ± 0.02a	0.34 ± 0.03a	150.89 ± 6.32a
黑土滩	0.10 ± 0.02b	0.26 ± 0.02b	96.84 ± 14.99c
人工建植	0.17 ± 0.02a	0.29 ± 0.02b	116.98 ± 4.48b
样地	10～20 cm		
	脲酶	磷酸酶	蔗糖酶
轻度退化	0.21 ± 0.02a	0.27 ± 0.01a	60.80 ± 5.92a
围封	0.22 ± 0.01a	0.31 ± 0.05a	51.51 ± 13.88a
中度退化	0.25 ± 0.00a	0.35 ± 0.02a	30.88 ± 7.68a
补播	0.21 ± 0.01a	0.28 ± 0.01a	56.59 ± 7.30a
重度退化	0.20 ± 0.02a	0.31 ± 0.04a	55.30 ± 6.44a
黑土滩	0.20 ± 0.02a	0.30 ± 0.01a	57.81 ± 9.64a
人工建植	0.20 ± 0.03a	0.29 ± 0.04a	39.65 ± 12.32a

对不同程度退化高寒草甸实施相应人为干扰措施后，土壤磷酸酶活性变化趋势不同（表 4.7）。在 0～10 cm 土层，对轻度退化和重度退化草地分别实施围封和人工建植恢复措施后，土壤磷酸酶均显著降低（$P<0.05$）；对中度退化和黑土滩退化草地分别实施补播和人工建植恢复措施后，土壤磷酸酶活性均无明显变化（表 4.7）。在 10～20 cm 土层，对轻度退化、中度退化、重度退化和黑土滩退化草地分别实施围封、补播和人工建植恢复措施后，与相应退化草

地相比土壤磷酸酶活性均无显著变化（表4.7）。

在0～10 cm土层，对轻度退化实施围封后，土壤蔗糖酶活性无显著变化；对中度退化和黑土滩退化草地实施补播和人工建植措施后，土壤蔗糖酶活性显著升高（$P<0.05$）；对重度退化草地实施人工建植后，土壤蔗糖酶活性显著降低（$P<0.05$）（表4.7）。在10～20 cm土层，在轻度退化、中度退化、重度退化和黑土滩草地分别实施围封、补播和人工建植恢复措施后，草地土壤蔗糖酶活性均未见显著变化（$P>0.05$）。

4.5 土壤微生物对退化高寒草甸植被修复的响应与反馈

4.5.1 不同修复措施对高寒草甸土壤微生物生物量碳氮化学计量特征的影响

在0～10 cm土层，对轻度退化和中度退化草地分别实施围封和补播措施后，土壤微生物生物量碳均呈上升趋势，但与轻度退化和中度退化草地相比差异不显著（$P<0.05$）；对重度退化和黑土滩退化草地实施人工建植后，土壤微生物生物量碳有所降低，但三者间差异不显著（$P>0.05$）（图4.4）。在10～20 cm土层，对轻度退化、中度退化、重度退化和黑土滩退化草地分别实施围封、补播和人工建植措施后，土壤微生物生物量碳均无显著变化（$P>0.05$）。

在0～10 cm土层，对轻度退化、重度退化和黑土滩退化草地分别实施围封和人工建植后，土壤微生物生物量氮均无显著变化；对中度退化草地实施补播后，土壤微生物生物量氮显著升高（$P<0.05$）（图4.5）。在10～20 cm土层，对不同程度退化高寒草甸实施相应修复措施后，土壤微生物生物量氮变化趋势不同。对轻

度退化草地和黑土滩退化草地分别实施围封和人工建植后，土壤微生物生物量氮均显著降低（$P<0.05$）；对中度退化草地实施补播后，土壤微生物生物量氮显著升高（$P<0.05$）；而与人工草地相比，重度退化草地土壤微生物生物量氮无显著变化（$P>0.05$）。

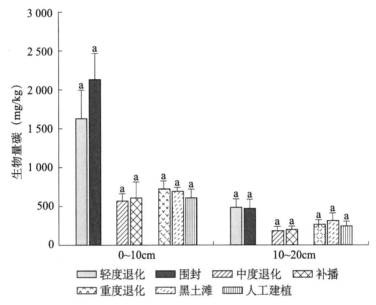

图 4.4 不同修复措施下高寒草甸土壤微生物生物量碳含量

4.5.2 退化高寒草甸修复过程中土壤微生物碳源利用能力分析

围封对轻度退化草地 0～10 cm 和 10～20 cm 土壤微生物各指数均无显著影响；补播降低了中度退化草地 0～10 cm 土壤微生物 AWCD、U 指数和 H' 指数，但提高了 10～20 cm 土壤微生物各指数；对重度和黑土滩退化草地实施人工草甸建植，使得土壤 0～10 cm 和 10～20 cm 微生物各类指数均有所下降（表 4.8）。补播和人工建植，由于对原生草地引入新的单一的植物物种，导致草地地下微环境发生改变，微生物可利用的植物残体物种单一化，进而引致微生物物种多样性减少、丰富度降低，对各类碳源利用功能下降。

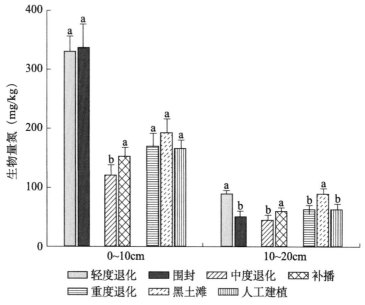

图 4.5　不同修复措施下高寒草甸土壤微生物生物量氮含量

表 4.8　不同恢复措施对土壤微生物 AWCD、U 指数和 H' 指数的影响

样地	0～10 cm		
	AWCD	U 指数	H' 指数
轻度退化	0.97	5.87	3.33
围封	0.94	5.83	3.30
中度退化	0.90	5.59	3.29
补播	0.79	5.02	3.28
重度退化	0.96	5.94	3.30

样地	0～10 cm		
	AWCD	U 指数	H' 指数
黑土滩	0.95	5.81	3.31
人工建植	0.87	5.42	3.29

样地	10～20 cm		
	AWCD	U 指数	H' 指数
轻度退化	0.78	5.20	3.18
围封	0.74	4.93	3.19
中度退化	0.47	3.46	2.99
补播	0.74	4.91	3.20
重度退化	0.71	4.74	3.18
黑土滩	0.55	3.82	3.12
人工建植	0.48	3.52	3.02

4.5.3 不同修复措施下高寒草甸土壤微生物 OTU 丰度

本研究利用高通量测序技术，自轻度退化和围栏封育草地土壤样品中读取真菌序列 9 171 条，细菌序列 94 848 条。各样品序列测序量真菌为 332～873 条，细菌为 4 632～8 459 条。对轻度退化和围栏封育草地土壤细菌序列平均丰度大于 1 的所有 OTU 进行韦恩分析，在 0～10 cm 土层轻度退化和围栏封育草地分别有 5 452 条和 6 068 条，其中，两草地交并集 OTU 3 877 条；在 10～20 cm 土层分别有 5 415 和 5 044 条，其中，两草地交并集 3 417 条（表4.9）。对轻度退化和围栏封育草地土壤真菌序列平均丰度大于 1 的所有 OTU 进行韦恩分析，在 0～10 cm 土层轻度退化和围栏封育草地分别有 745 条和 666 条，其中，两草地交并集 OTU 381 条；在 10～

20 cm 土层分别有 449 条和 523 条，其中，两草地交并集 286 条。在 0～10 cm 和 10～20 cm 土层，草地土壤真菌相似度为 26.2%～31.0%；在轻度退化和围栏封育草地土壤微生物相似度为 27%～32.7%（表 4.9）。

表 4.9　围封对轻度退化草地土壤微生物真菌序列 OTU 的影响

| 土壤微生物 | 处理 | OTU | | 交并集 | 相似度（%） |
		0～10 cm	10～20 cm		
细菌	轻度退化	5 452	5 415	3 373	31.0
	围封	6 068	5 044	3 178	26.2
细菌交并集		3 877	3 417	—	—
细菌相似度（%）		31.0	32.7	—	—
真菌	轻度退化	745	449	319	26.6
	围封	666	523	340	28.6
真菌交并集		381	286	—	—
真菌相似度（%）		27.0	29.4	—	—

对中度退化和补播草地土壤细菌序列平均丰度大于 1 的所有 OTU 进行韦恩分析，在 0～10 cm 土层，中度退化和补播草地分别有 5 640 和 5 684 条，其中，两草地交并集 OTU 3 414 条，相似度为 30.1%；在 10～20 cm 土层，分别有 4 680 和 5 163 条，其中，两草地交并集 2 736 条，相似度为 27.8%。对中度退化和补播草地土壤真菌序列平均丰度大于 1 的所有 OTU 进行韦恩分析，在 0～10 cm 土层，轻度退化和围栏封育草地分别有 686 和 781 条，其中，两草地交并集 OTU 292 条，相似度为 19.9%；在 10～20 cm 土层，分别有 419 条和 667 条，其中，两草地交并集 225 条，相似度为 20.7%（表 4.10）。

表 4.10 补播对中度退化高寒草甸土壤微生物 OTU 的影响

土壤微生物	处理	OTU	
		0～10 cm	10～20 cm
细菌	中度退化	5 640	4 680
	补播	5 684	5 163
细菌交并集		3 414	2 736
细菌相似度（%）		30.1	27.8
真菌	中度退化	686	419
	补播	781	667
真菌交并集		292	225
真菌相似度（%）		19.9	20.7

对重度退化、黑土滩退化和人工建植草地土壤细菌序列平均丰度大于 1 的所有 OTU 进行韦恩分析，在 0～10 cm 土层，重度退化、黑土滩退化和人工建植草地分别有 6 427、6 977 和 6 437 条，其中，交并集 OTU 3 737 条，相似度为 18.8%；在 10～20 cm 土层，分别有 6 178、6 419 和 6 604 条，其中，两草地交并集 3 696 条，相似度为 19.2%。对重度退化、黑土滩退化和人工建植草地土壤真菌序列平均丰度大于 1 的所有 OTU 进行韦恩分析，在 0～10 cm 土层，重度退化、黑土滩退化和人工建植草地分别有 904、844 和 1 006 条，其中，两草地交并集 OTU 327 条，相似度为 11.9%；在 10～20 cm 土层，分别有 674、491 和 885 条，其中，两草地交并集 233 条，相似度为 11.4%（表 4.11）。

4.5.4 不同修复措施下高寒草甸土壤微生物群落结构

在 0～10 cm 土层，高寒草甸轻度退化草地实施围封后，变形菌门、疣微菌门和俭菌总门细菌丰度增加，而酸杆菌门、放线菌门和绿弯菌门细菌丰度减少，其中，绿弯菌门和俭菌总门在两草地间差异显著（$P<0.05$）。在10～20 cm土层，高寒草甸轻度退化草地实施围封后，放线菌门和绿弯菌门细菌丰度均显著降低（$P<0.05$），其他菌在两草地间差异不显著（图4.6）。

表 4.11　人工建植对重度退化和黑土滩退化高寒草甸土壤
微生物 OTU 的影响

土壤微生物	处理	OTU	
		0～10 cm	10～20 cm
细菌	重度退化	6 427	6 178
	黑土滩	6 977	6 419
	人工建植	6 437	6 604
细菌交并集		3 737	3 696
细菌相似度（%）		18.8	19.2
真菌	重度退化	904	674
	黑土滩	844	491
	人工建植	1 006	885
真菌交并集		327	233
真菌相似度（%）		11.9	11.4

高寒草甸中度退化草地实施补播后，两土层浮霉菌门和疣微菌门均呈升高趋势，酸杆菌门、变形菌门、放线菌门、芽单胞杆菌门、绿弯菌门和硝化螺旋菌门细菌丰度均呈减少趋势，其中在0～10 cm土层，硝化螺旋菌门在两草地间差异显著（$P<0.05$）（图4.7）；在10～20 cm土层，硝化螺旋菌门、拟杆菌门和厚壁菌门在两草地间差异显著（$P<0.05$）（图4.7）。

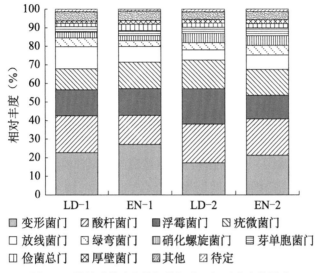

图 4.6　围封对草地土壤细菌门水平相对丰度的影响

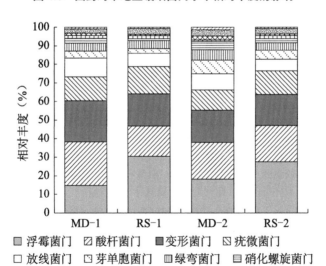

图 4.7　补播对草地土壤细菌门水平相对丰度的影响

　　高寒草甸重度退化和黑土滩退化草地实施人工建植措施后，在0～10 cm土层，与重度退化草地相比，人工建植草地土壤厚壁菌门细菌丰度显著降低；与黑土滩退化草地相比，人工建植草地绿弯菌门和厚壁菌门细菌丰度显著升高，装甲菌门（Armatimonadetes）丰度则显著降低（$P<0.05$）（图4.8）。在10～20 cm土层，与重度退化草地相比，人工建植草地土壤绿弯菌门和拟杆菌门丰度显著升高，硝化螺旋菌门丰度显著降低；与黑土滩退化草地相比，人工建植草地放线菌门、芽单胞菌门、绿弯菌门和拟杆菌门细菌丰度显著升高，厚壁菌门细菌丰度显著降低（$P<0.05$）（图4.8）。

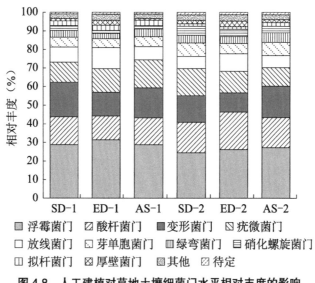

图4.8　人工建植对草地土壤细菌门水平相对丰度的影响

　　在0～10 cm土层和10～20 cm土层，高寒草甸轻度退化草地实施围封后，子囊菌门、被孢霉菌门、罗兹菌门和球囊菌门真菌丰度均显著升高，担子菌门丰度则显著降低（$P<0.05$）（图4.9）。

　　高寒草甸中度退化草地实施补播后，在0～10 cm土层，被孢霉菌门和毛霉菌门真菌丰度显著升高，担子菌门丰度显著降低（$P<$ 0.05）；在 10～20 cm 土层，补播后草地土壤被孢霉菌门丰度显著高于中度退化草地，担子菌门丰度则显著低于中度退化草地（$P<$ 0.05），其他菌门真菌丰度在两草地间差异不显著（图 4.10）。

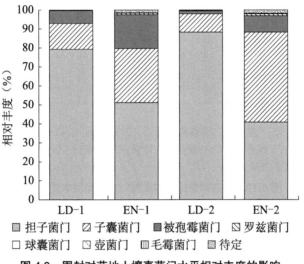

图 4.9 围封对草地土壤真菌门水平相对丰度的影响

在 0～10 cm 土层，与重度退化草地相比，人工建植草地土壤担子菌门真菌丰度显著降低，壶菌门真菌丰度则显著升高（$P<0.05$）；草地土壤真菌丰度在黑土滩退化草地与人工建植草地间差异均不显著（$P>0.05$）。在 10～20 cm 土层，人工建植草地土壤担子菌门真菌丰度显著低于重度退化草地（$P<0.05$）；而在黑土滩退化草地，毛霉菌门和球囊菌门真菌丰度均显著高于人工建植草地（$P<0.05$）（图 4.11）。

4.5.5 不同修复措施下高寒草甸土壤微生物群落 α- 多样性

对不同修复措施下高寒草甸土壤细菌 Chao1 指数、Shannon-

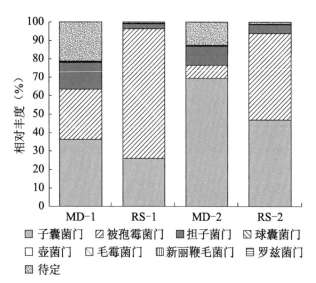

图 4.10　补播对草地土壤真菌门水平相对丰度的影响

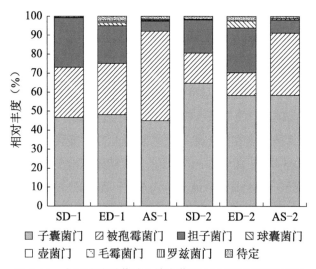

图 4.11　人工建植对草地土壤真菌门水平相对丰度的影响

wiener 指数和 Simpson 指数进行分析，轻度退化草地实施围封后，两土层土壤细菌群落多样性指数均无显著变化。中度退化草地实施补播后，0～10 cm 土层土壤细菌 Simpson 指数和 10～20 cm 土层 Shannon-wiener 指数及 Simpson 指数均显著升高（P＜0.05）（表 4.12）。与人工建植草地相比，重度退化草地 0～10 cm 土层土壤细菌 Shannon-wiener 显著降低（P＜0.05），黑土滩退化草地 0～10 cm 和 10～20 cm 土层土壤细菌 Shannon-wiener 指数和 Simpson 指数均显著低于人工建植草地（P＜0.05）。

表 4.12　不同修复措施下高寒草甸土壤细菌群落 α–多样性

样地	0～10 cm		
	Chao 指数	Shannon–wiener 指数	Simpson 指数
轻度退化	9 015.26 ± 2567.38a	10.54 ± 0.13a	0.998 ± 0.000a
围封	8 906.43 ± 555.73a	10.60 ± 0.07a	0.998 ± 0.000a
中度退化	9 904.47 ± 490.73a	10.32 ± 0.05a	0.997 ± 0.000b
补播	8 548.97 ± 1455.17a	10.49 ± 0.13a	0.998 ± 0.000a
重度退化	11 054.59 ± 1330.52a	10.63 ± 0.07b	0.997 ± 0.000a
黑土滩	9 517.00 ± 1023.90a	10.52 ± 0.18b	0.996 ± 0.001b
人工建植	10 765.43 ± 823.91a	10.85 ± 0.07a	0.998 ± 0.000a

样地	10～20 cm		
	Chao 指数	Shannon–wiener 指数	Simpson 指数
轻度退化	8 022.41 ± 912.00a	10.19 ± 0.126a	0.997 ± 0.000a
围封	7 512.23 ± 425.17a	10.14 ± 0.061a	0.997 ± 0.000a
中度退化	7 251.09 ± 706.01a	9.91 ± 0.05b	0.996 ± 0.000b
补播	8 253.26 ± 660.43a	10.25 ± 0.05a	0.997 ± 0.000a
重度退化	8 891.85 ± 1224.3a	10.48 ± 0.11ab	0.998 ± 0.000a
黑土滩	8 756.00 ± 1594.71a	10.29 ± 0.22b	0.997 ± 0.000b
人工建植	10 634.28 ± 519.92a	10.60 ± 0.12a	0.998 ± 0.000a

对不同修复措施下高寒草甸土壤真菌群落多样性进行分析，如

表 4.13 所示，轻度退化草地实施围封后，两土层土壤真菌 Shannon-wiener 指数和 Simpson 指数均显著升高。中度退化草地实施补播后，0～10 cm 土层和 10～20 cm 土层土壤真菌 Chao1 指数均显著升高，其他指数无明显变化。高寒草甸实施人工建植修复后，与重度退化和黑土滩退化草地相比，在 0～10 cm 土层，土壤真菌各指数均无显著变化；在 10～20 cm 土层，人工建植后草地土壤真菌 Chao1 指数显著升高，Simpson 指数则呈减少趋势，且在黑土滩退化草地与人工建植草地间差异显著（$P<0.05$）。

表 4.13　不同修复措施下高寒草甸土壤真菌群落 α- 多样性

样地	0～10 cm		
	Chao 指数	Shannon-wiener 指数	Simpson 指数
轻度退化	961.73 ± 126.85a	2.78 ± 0.23b	0.50 ± 0.04b
围封	854.50 ± 47.85a	6.08 ± 0.14a	0.96 ± 0.00a
中度退化	836.06 ± 98.66b	4.89 ± 0.56a	0.88 ± 0.05a
补播	1 030.83 ± 94.17a	4.43 ± 0.33a	0.87 ± 0.03a
重度退化	1 150.43 ± 103.50a	5.17 ± 0.47a	0.91 ± 0.03a
黑土滩	1 003.71 ± 180.91a	5.47 ± 0.57a	0.92 ± 0.02a
人工建植	1 218.95 ± 106.40a	5.38 ± 1.20a	0.87 ± 0.10a

样地	10～20 cm		
	Chao 指数	Shannon-wiener 指数	Simpson 指数
轻度退化	768.86 ± 86.60a	2.41 ± 0.53b	0.45 ± 0.11b
围封	860.51 ± 65.51a	5.72 ± 0.16a	0.95 ± 0.01a
中度退化	679.43 ± 60.06b	4.72 ± 0.39a	0.87 ± 0.05a
补播	990.32 ± 100.65a	4.55 ± 0.16a	0.89 ± 0.01a
重度退化	949.72 ± 56.87b	5.27 ± 0.32a	0.93 ± 0.02b
黑土滩	749.05 ± 111.36c	5.84 ± 0.61a	0.96 ± 0.02a
人工建植	1 128.65 ± 56.71a	5.43 ± 0.13a	0.92 ± 0.01b

4.5.6 不同修复措施下高寒草甸土壤微生物群落功能多样性

对不同修复措施下高寒草甸土壤细菌丰度前20位的细菌进行聚类，对KEGG通路丰度大于0.01的种类信息进行差异分析。结果显示，在0~10 cm土层，围封后草地土壤细菌能量代谢和细胞移动功能菌群丰度显著升高，氨基酸代谢、辅助因子和维生素代谢和其他次生代谢产物合成功能菌群丰度显著降低（$P < 0.05$）；在10~20 cm土层，围封后草地土壤细菌氨基酸代谢、生物异源物质代谢、萜类和聚酮类代谢和其他次生代谢产物合成功能菌群丰度显著升高，辅助因子和维生素代谢、翻译、多糖生物合成代谢和折叠分类降解功能菌群丰度显著降低（$P < 0.05$）（图4.12）。

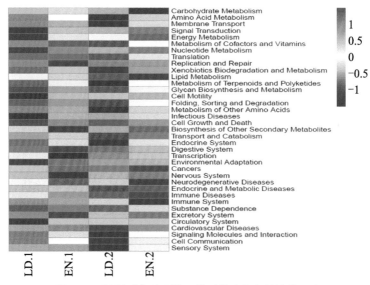

图4.12　围封对草地土壤细菌群落功能多样性的影响

对KEGG通路丰度大于0.01的种类信息进行差异分析，中度退化草地实施补播后，在0~10 cm土层，复制和修复菌群丰度显著升高（$P<0.05$），其他功能细菌在两草地间差异均不显著；在 10～20 cm 土层，补播草地土壤中萜类和聚酮类化合物代谢功能细菌丰度显著低于中度退化草地（$P<0.05$），其他功能细菌在两草地间差异均不显著（图 4.13）。

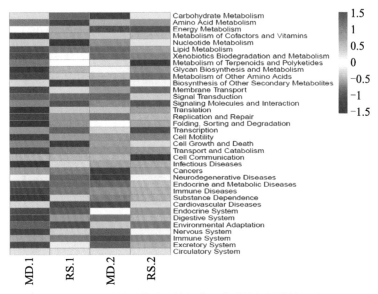

图 4.13　补播对草地土壤细菌群落功能多样性的影响

对 KEGG 通路丰度大于 0.01 的种类信息进行差异分析，在 0～10 cm 土层，与重度退化草地相比，人工建植草地土壤信号传导细菌丰度显著升高（$P<0.05$），其他功能细菌在两草地间差异不显著；在 10～20 cm 土层，人工建植草地核苷酸代谢和其他氨基酸代谢细菌丰度显著高于重度退化草地（$P<0.05$），其他功能细菌在两草地间差异均不显著（图 4.14）。在 0～10 cm 土层，与黑土滩退化草地相比，人工建植草地土壤细菌功能结构在两草地间无显著差异；在 10～20 cm 土层，人工建植草地信号传导、能量代谢和细胞

运动功能细菌丰度均显著低于黑土滩退化草地（$P<0.05$），其他功能细菌在两草地间差异不显著（图4.14）。

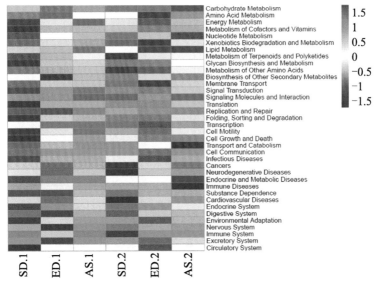

图4.14　人工建植对草地土壤细菌群落功能多样性的影响

基于OTU丰度信息，利用FUNGuild对不同修复措施下高寒草甸土壤真菌进行功能注释，如图4.15所示，经Wilcoxon秩和检验，在0～10 cm土层，围封草地土壤共生营养型、腐生营养型和病理营养型真菌丰度均显著高于轻度退化草地，而腐生-共生过渡型真菌丰度则显著低于轻度退化草地（$P<0.05$）；在10～20 cm土层，围封后土壤共生营养型和腐生营养型真菌丰度显著升高，腐生-共生过渡型真菌丰度显著降低（$P<0.05$），病理营养型真菌丰度在两草地间无显著差异。

中度退化草地实施补播后，经Wilcoxon秩和检验，在0～10 cm土层，土壤共生营养型、腐生营养型和病理营养型真菌丰度在两草地间均无显著差异；在10～20 cm土层，补播后草地土壤腐

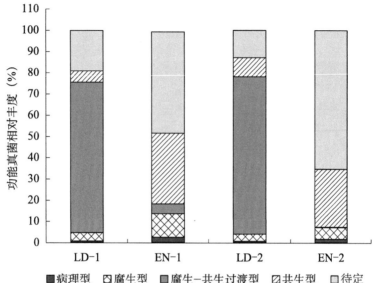

图 4.15　围封对草地土壤真菌群落功能多样性的影响

生营养型和腐生–共生过渡型真菌丰度显著升高，共生营养型真菌丰度显著降低（$P<0.05$），病理营养型及病理–腐生–共生过渡型真菌丰度在两草地间差异不显著（图 4.16）。

与重度退化草地相比，在 0～10 cm 土层，人工建植草地土壤腐生–共生过渡型真菌丰富显著降低（$P<0.05$），其他营养型真菌丰度在两草地间差异不显著；在 10～20 cm 土层，与重度退化草地相比，人工建植草地土壤病理–腐生过渡型、腐生–共生过渡型和共生营养型真菌丰富显著升高，病理–共生过渡型真菌丰度显著降低（$P<0.05$），其他营养型真菌丰度在两草地间差异不显著（图 4.17）。与黑土滩退化草地相比，在 0～10 cm 土层，人工建植草地病理–腐生过渡型真菌丰度显著升高，共生营养型真菌丰度显著降低（$P<0.05$），其他营养型真菌丰度无明显变化；在 10～20 cm 土层，人工建植草地土壤共生营养型真菌丰度显著低于黑土

滩退化草地，其他营养型真菌丰度在两草地间差异不显著。

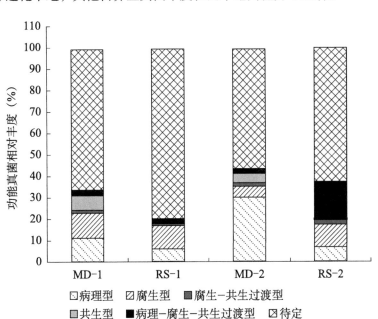

图 4.16　补播对草地土壤真菌群落功能多样性的影响

4.6　讨　论

围封是对轻度退化草地生态恢复的重要措施（李美君，2016），能够有效提高退化草地的物种多样性、植被盖度和地上生物量（Reeder and Schuman，2002）。退化草地生态系统修复是植被与土壤共同恢复的过程，退化草地修复，更深层次地表现其土壤环境的修复，土壤理化性质是退化生态系统恢复程度的重要参考指标。本研究中，轻度退化草地实施围封后，土壤铵态氮含量显著升高，全钾含量显著降低，土壤有机碳、全氮、全磷、硝态氮、速效磷和速效钾则无明显变化。斯贵才等研究了围封对当雄县高寒草原土壤微生物和酶活性的影响，结果显示，土壤有机碳、全氮、全磷、铵根离子和硝酸盐在放牧草地、围封 1 年、围封 4 年和围封 6 年草地间均无显著差异。高凤等（2017）研究发现，与放牧草地相比，围封 3 年草地土壤硝态氮、全氮、全磷和有机碳均无显著变化，围封后草地土壤铵根离子含量增加了 1.51 mg/kg，但与放牧草地相比差异不显著。王艳芬等（1998）对锡林郭勒草地土壤有机碳的研究也发现，放牧对土壤有机质无显著影响。Ellliott 等（2001）发现放牧对全氮含量没有显著影响，长期适度放牧有利于提高氮的循环速率和可利用率。以上研究为本研究结果提供了进一步支持。但 ANH 等（2015）的研究指出，与禁牧草地相比，放牧草地土壤有机碳和全氮含量均显著降低，认为是放牧后植被地上和地下部分输入减少，凋落物和土壤有机物加速分解，由此导致地表凋落物的沉积和

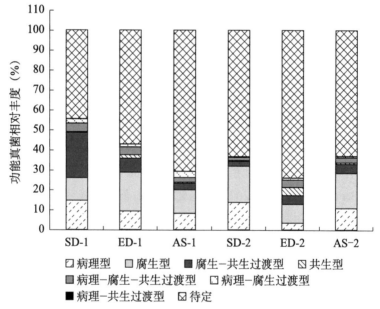

图 4.17 人工建植对草地土壤真菌群落功能多样性的影响

地下碳分配降低。不同学者在不同地域的研究结果不同，草原土壤系统具有滞后性和容量性（弹性），而且气象、地形、土壤性质、植物组成、放牧动物类型、放牧历史等因素对土壤化学性质有重要的影响。

退化草地补播修复，通过草地植被状况的改善，间接起到水土保持和改良土壤特征的作用。本研究中，退化高寒草甸补播改良后，土壤含水量无明显变化，而土壤表层 pH 值则显著降低。王伟等（2017）采用垂穗披碱草、青海扁茎早熟禾和青海中华羊茅对青海省河南县高寒草甸进行补播修复，结果显示，补播后草地土壤含水量和 pH 值均显著升高，与本研究结果存在分歧。这可能与对照草地状况有关，本研究以中度退化草地为对照，相比未退化的天然草地，其土壤状况明显恶化。补播后草地土壤有机碳无明显变化，与前人观点不同，土壤有机碳主要来源于动植物残体和草地植物根系，补播青海草地早熟禾地上植被收割利用，造成根系生长缓慢，与中度退化草地相比土壤中输入的有机质并无明显增加。对中度退化阶段高寒草甸实施补播后，土壤全磷、铵态氮、速效磷、速效钾和土壤蔗糖酶活性显著升高，而草地土壤全氮、全钾、硝态氮、碳氮比以及土壤脲酶和磷酸酶活性均无明显变化。此结果与王伟等研究结果一致，认为补播提高了土壤中氮磷钾的转化速率，使得土壤中速效养分含量增加。补播后蔗糖酶活性增强，可能与补播草地植物根系种类组成改变有关，其具体原因尚需进一步证实。

土壤微生物生物量是活的土壤有机质部分，是土壤养分固定的重要载体，对土壤环境的变化极为敏感，可充分反映土壤生态功能的变化，是草地生态系统变化的预警信号。本研究结果表明，土壤微生物碳和氮在轻度退化和围栏封育草地间差异均不显著；与轻度退化草地相比，围栏封育后草地土壤微生物碳氮比显著升高。牛得草等发现，土壤微生物生物量碳在围封与放牧草地间无显著差异；

Li 等（2005）研究也指出，18 年禁牧、重度与适度放牧对土壤微生物量的影响不显著；还有研究显示，连续适度放牧与禁牧 26 年草地土壤微生物量差异不显著，但重度放牧导致土壤微生物量显著降低（Qi et al.，2011），以上研究为与本试验结果提供了支持。但 Lin 等（2017）研究指出，与未放牧相比，连续放牧显著增加了土壤微生物生物量碳；Rui 等（2011）则认为，放牧使得土壤微生物生物量碳降低，生物量氮升高；沼泽草地禁牧 9 年土壤微生物碳显著高于连续放牧草地（Wu et al.，2010）。在以往的研究中，围封禁牧与放牧对土壤微生物量的影响没有一致的结论，土壤微生物作为土壤生态环境的主要组分，与地上植被类型、土壤理化性质、地形地貌、水热条件和气象因子紧密联系、相互依存，在土壤环境和气象因子发生变化时，不同地域土壤微生物群落结构的变化不同，导致微生物生物量碳氮出现不同的变化趋势。对中度退化草地实施补播后，土壤微生物量碳与未补播草地无显著差异。补播后微生物的数量及其多样性可能是短期内增加（3～5 年），随着管理水平等措施的下降微生物区系也出现下降的趋势。姬万忠等（2016）在天祝对补播 3 年的退化高寒草甸的研究发现，与没有补播的草地相比，补播草地土壤微生物量 C 和 N 分别增加了 23.5% 和 50.78%，说明补播初期对退化草地土壤微生物有一定的影响。邵建飞（2009）研究指出，补播 3 年的草地土壤微生物生物量 C、N 含量显著高于补播 6 年草地，建议 3～4 年后再次进行补播。因此，补播草地的微生物生物量在 1～3 年呈增加的趋势，但是随着补播年限的增加补播影响会减弱甚至消失。

人工建植草地是短时间内是缓解牧业压力、治理重度退化及黑土滩退化草地的最有效方法。本研究中，对重度退化及黑土滩退化草地实施人工建植后，草地植被地上生物量显著增加，地下生物量则无明显改善，这与选用草种披碱草的生物学特性有关，披碱草为上繁草类型，加之高寒地区的气候特征和治理过程中土壤翻耕、深耙等农事作业导致地上地下生物量比例增大。张蕊等（2018）对三江源未退化天然草地、退化草地及人工草地的研究发现，低温限制了禾草类为主的人工草地根的生长和分解，导致根量累计较少。人工建植后，0～10 cm 草地土壤理化特征及微生物碳氮含量均无明显变化，认为与人工草地的后期管理利用及枯落物的降解时效等因素有关。退化草地修复是植被与土壤的共同修复，重度退化及黑土滩退化草地人工修复，更多是关注了地上植被的修复，而忽视了地下土壤环境的修复；同时，受高寒地区气温、降水等气象因子的影响，分解者活性低引致枯落物降解速率缓慢，短时期内阻滞了营养物质的转化利用，土壤环境修复迟缓。

土壤微生物 AWCD 值反映了土壤微生物利用碳源的能力和代谢活性的大小，其值越高，土壤微生物群落代谢活性越高。培养 24～144 h，随培养时间的延长，高寒草甸土壤微生物碳代谢强度显著升高；土壤微生物碳代谢指数在轻度退化与围栏封育草地间差异不显著。微生物多样性是维持某一生态系统稳定性及生态服务功能的关键因子，土壤微生物多样性指数用以表征和衡量微生物群落多样性和均一性程度，可以揭示土壤微生物种类和功能的差异。本研究中，高寒草甸土壤细菌 OTU 显著高于真菌 OTU，0～10 cm 土层和 10～20 cm 土层草地土壤微生物相似度为 26.2%～31%，轻度退化与围栏封育草地土壤微生物相似度为 27%～32.7%，此结果与前人研究结果一致。高寒草甸土壤真菌优势类群为子囊菌门、接合菌门和担子菌门，细菌优势类群为变形菌门、酸杆菌门、浮霉菌门、疣微菌门和放线菌门。从门水平看，土壤中变形菌门、放线菌门、酸杆菌门和疣微菌门占主导地位，围封 3 年后，土壤细菌的多样性高于放牧区，但未达显著水平，Li 等（2016）认为高寒草甸优势细菌和真菌分别为变形菌、放线菌、酸杆菌和子囊菌；Zhang

等（2014）研究发现高寒草甸土壤中拟杆菌、芽单胞菌、疣微菌较为丰富，本研究结果与前人研究结果基本一致。围封后，土壤真菌子囊菌门、接合菌门和球壶菌门相对丰富度显著升高，担子菌门显著降低；土壤细菌变形菌门和酸杆菌门丰富度分别呈升高和降低趋势，酸杆菌门在轻度退化与围栏封育草地间差异显著。土壤真菌和细菌群落组成在不同土层间差异显著，在轻度退化和围栏封育草地间仅有表层土壤真菌群落组成表现显著差异。Wang 等（2016）研究发现，在海拔 3 400 m，与围封草地相比，放牧草地土壤微生物 $\alpha-$ 多样性指数降低，而在海拔 3 200 m，则呈相反变化趋势，放牧草地土壤微生物群落组成指数低于围封草地，为本实验结果提供了进一步支持。

子囊菌门、被孢霉菌门和担子菌门在退化及补播草地土壤真菌中占比超过 78%。退化高寒草甸补播后草地土壤真菌特有 OTU 增加，子囊菌门真菌丰度升高，被孢霉菌门和担子菌门真菌丰度降低，土壤真菌组成发生明显改变。本研究通过补播青海草地早熟禾来增加退化草地植被组成中优良牧草的比例，这种地上植物质和量的变化导致真菌分解利用物质质和量的差异，由此引致土壤真菌组成差异。曾智科等（2009）的研究亦有相似的结论。此外，土壤真菌组成与植物根系分泌物，例如，氨基酸、碳水化合物、脂肪酸、有机酸、核苷酸、酶及生长素等有关，这些分泌物在为微生物提供有效碳素和氮素的同时也含有影响微生物生长的物质。补播后草地植物根系分泌物发生变化，可利用底物的不同可能是导致土壤真菌组成差异的另一主要因素。本研究发现，补播后草地土壤真菌 Chao1 指数显著升高，Shannon-wiener 指数和 Simpson 指数则无明显变化，这可能与该区域土壤环境、植物及细菌等生物群落结构因素的变化有关。有研究报道，在区域范围内，土壤真菌多样性与区域演变、区域土壤环境、区域生物群等因素及其相互作用和协同进化等有关。土壤碳氮比，土壤磷和可溶性有机碳等其他因素对土壤真菌的丰富度、多样性具有重要影响，"非生物因素"而非"生物因素"控制土壤真菌的 α-多样性，本研究结果显示，补播后草地土壤全磷、铵态氮、速效磷、速效钾和土壤蔗糖酶活性显著升高，这些非生物因素的变化可能是引致土壤真菌 Chao1 指数变化的主要因素。退化及补播草地不同土层间土壤真菌群落结构无显著差异，但同一土层不同草地间土壤真菌群落结构均表现显著差异，即补播改变了退化草地土壤真菌群落结构。分析其原因，可能是补播后青海草地早熟禾在植被群落中占据优势，草地植被物种组成的改变可能引致凋落物及根系分泌物组分发生变化，可利用底物的差异间接影响土壤真菌群落结构。Yang 等（2017）研究指出，真菌群落结构受植被群落所影响，真菌是分解凋落物的关键角色，特定真菌类群与特定凋落物类型具有选择关联性，本研究未对草地凋落物及根系分泌物进行分析，其对补播的响应规律尚需进一步探究。退化草地实施补播后土壤病理营养型、病理-腐生营养型及共生营养型真菌丰度降低，真菌功能结构发生明显改变，这可能与土壤理化性质的改变有关。补播后土壤 pH 值、TP、AN、AP、AK 等的变化加之可利用底物的改变，造成土壤中某些真菌丰度增加、生物量加大，微生物种间协同 / 竞争互作关系改变，进而导致退化草地土壤中病理营养型、共生营养型真菌生长繁殖受到抑制，丰度降低。此外，真菌功能结构变化还可能与物种进化有关，补播后草地土壤微生物已经进化出抑制或掩盖寄主植物防御反应的策略，在病理营养型的情况下，真菌成功进化成了寄生物，使它们能够附生或内生定殖在寄主体内，进而引发补播草地真菌功能结构的改变。

对退化高寒草甸进行补播和人工建植后草地土壤细菌物种组成发生明显改变，补播草地土壤浮霉菌门和疣微菌门细菌丰度升高，酸杆菌门、变形菌门和放线菌门细菌丰度降低。补播对草地表土层土壤细菌多样性影响较小，而对下土层细菌多样性影响较大。造成此结果的原因可能是因补播和人工建植改变了退化草地地上植被物种组成，土壤中有机物质输入及土壤性质发生相应变化，加之土壤生物竞争、对物理和生物环境的扰动适应性等因素的共同作用，导致土壤细菌物种组成及群落多样性发生变化。补播和人工建植改变了草地 0～10 cm 土层细菌群落结构。化能异养（包含有氧化能异养）、硝化作用、亚硝酸盐氧化及硫代谢作用细菌在草地土壤中起主要功能调节作用，补播改变了退化草地土壤细菌功能结构。包明等（2018）研究指出，硝化作用、化能异养作用、氨氧化作用、亚硝酸盐氧化及硝酸盐还原作用功能类细菌在土壤中具有较高的丰度，与本研究结果基本一致。补播后草地土壤亚硝酸盐氧化作用细菌显著减少，这一结果可能与微生物物种组成改变有关，新的优势物种与相关功能物种存在种间协同-竞争；同时与土壤性质变化有关，土壤性质的变化引致微生物生存环境改变。此外，地上植被组成的改变可能会影响某些土壤微生物群落的发展和种群组成，土壤凋落物投入的改变导致微生物底物有效性的变化所致。Yang 等（2016）研究指出，土壤微生物群落功能结构的变化主要受地上植被、土壤碳氮比和铵态氮含量的控制。

4.7 小 结

　　围栏封育是对植被处于近自然恢复状态的草地进行生态修复的一种技术手段，旨在通过人为干扰促进植被的演替，维持草地生态系统的平衡。然而，围封对退化草地的影响并非总是积极的，长期围封禁牧对轻度退化高寒草甸土壤养分和土壤微生物无明显影响，同时，长期禁牧可造成牧草资源浪费。草食家畜的适度采食在去除植物枯老组织的同时，还可以刺激植物新组织的再生，且其排泄的粪尿对草地起到养分输入的作用。适度放牧可以保证草地资源的可持续利用，还可以维持草地生态系统的稳定性。补播会改变草地土壤酶活性与土壤全氮、硝态氮、全磷、速效磷和速效钾的调控关系，进而对土壤pH值、铵态氮、速效磷、速效钾和土壤蔗糖酶活性产生明显影响。对中度退化草地进行补播、对重度退化和黑土滩退化草地进行人工建植后，草地土壤微生物物种组成、群落多样性及功能结构均发生明显改变。土壤修复过程迟缓，退化草地在植被修复过程中应同时注重土壤环境的改善。

黄河源区高寒草甸退化过程中生物、非生物因子的作用与反馈

5.1 退化高寒草甸植被因子与土壤微生物的相关性

土壤细菌多样性受草地植被影响较小；土壤真菌多样性与植被多样性无明显相关性，与草地植被物种丰富度和地上生物量呈显著负相关；土壤微生物生物量与植被盖度、物种丰富度及地上和地下生物量显著正相关（表5.1）。

表5.1 植被因子与土壤微生物的相关性分析

植被因子	土壤微生物		土壤微生物生物量	
	细菌 Shannon-wiener 指数	真菌 Shannon-wiener 指数	SMBC	SMBN
植被 Shannon 指数	−0.253	−0.288	0.422	0.373
物种丰富度	−0.338	−0.474*	0.520*	0.459*
植被盖度	−0.003	−0.21	0.636**	0.565**
地上生物量	0.38	−0.605**	0.449*	0.532*
地下生物量	−0.398	−0.177	0.648**	0.543*

注：*$P<0.05$，**$P<0.01$。

5.2 高寒草甸土壤因子对草地植被及土壤微生物的网络调控

采用 Cytoscape 对土壤环境因子与土壤真菌物种和细菌物种的网络关系进行分析。土壤环境因子对细菌影响较大，对节点>4 的物种和环境因子进行了筛选，TN、TOC、TK、pH 和土壤含水量 SWC 是主要调控因子，其节点数分别为 14、13、12、13 和 12，其中，TN、TOC 和 SWC 与土壤细菌呈正相关关系，而 TK 和 pH 则呈负相关关系；节点>4 的细菌共有 14 种，其中，酸杆菌、疣微菌、杆菌和浮霉菌受环境因子影响较大，酸杆菌、杆菌和浮霉菌与土壤环境因子的关系基本一致，而疣微菌则呈相反变化趋势（图 5.1）。

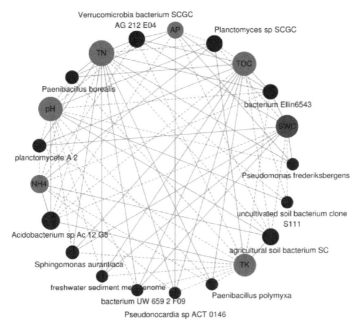

图 5.1　土壤因子对土壤细菌物种丰度的网络调控

相比土壤细菌，土壤真菌受环境因子影响较小，TN、TOC、TK、pH 和 SWC 节点数分别为 4、5、5、5 和 6，与土壤细菌类似，TN、TOC 和 SWC 与土壤真菌呈正相关关系，而 TK 和 pH 则呈负相关关系；丝盖菌、湿伞菌和丝膜菌受环境因子影响较大，三者与土壤环境因子的关系一致（图 5.2）。

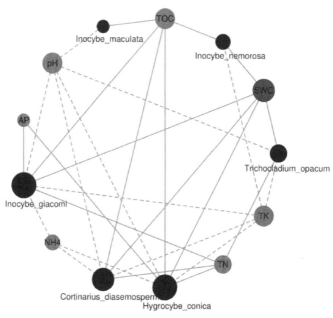

图 5.2　土壤因子对土壤真菌物种丰度的网络调控

5.3　高寒草甸土壤真菌与细菌之间的协同 / 竞争

高寒草甸土壤细菌与真菌之间存在复杂的网络互作关系，土壤中细菌与真菌之间表现更多的是互利共生关系，仅有酸杆菌与丝盖伞菌、杆菌与被毛孢菌和丝膜菌之间存在竞争互抑关系（图 5.3）。

土壤细菌中杆菌、类芽孢杆菌、疣微菌和 Freshwater sediment metagenome 对真菌作用较大，土壤真菌中丝膜菌、短梗蠕孢和丝伞盖菌与细菌联系密切。

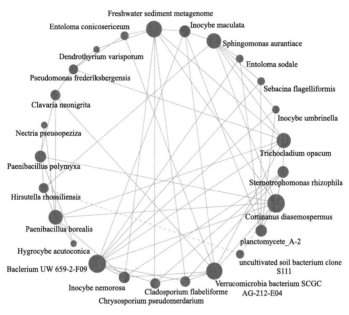

图 5.3　土壤真菌与细菌的网络互作

5.4　土壤酶活性与土壤微生物群落结构组成的关系

对高寒草甸土壤酶活性与土壤微生物群落结构进行逐步回归分析，高寒草甸土壤酶活性主要受土壤真菌群落影响，土壤脲酶活性与被孢菌门真菌显著正相关，而与球囊菌门真菌显著负相关；中性磷酸酶活性与罗兹菌门 / 隐菌门和担子菌门真菌显著正相关，与球囊菌门真菌显著负相关；球囊菌门真菌对脲酶和磷酸酶活性、壶菌门和厚壁菌门对蔗糖酶活性均表现抑制作用（表 5.2）。

表 5.2　土壤酶活性与土壤微生物的相关性分析

酶活性	逐步回归	F	P
脲酶	$y_1=0.063+0.002x_1$	17.55	0.001
	$y_2=0.112+0.001x_1-0.017x_2$	12.31	<0.01
中性磷酸酶	$y_1=0.333+0.026x_3-0.035\,x_2$	14.21	<0.01
	$y_2=0.306+0.025x_3-0.3x_2+0.001\,x_4$	15.04	<0.01
蔗糖酶	$y_1=143.79-34.905x_5$	18.83	<0.01
	$y_2=167.225-37.406x_5-13.338x_6$	17.52	<0.01

注：x_1，被孢霉菌门（Mortierellomycota）；x_2，球囊菌门（Glomeromycota）；x_3，罗兹菌门/隐菌门（Rozellomycota）；x_4，担子菌门（Basidiomycota）；x_5，壶菌门（Chytridiomycota）；x_6，厚壁菌门（Firmicutes）。

5.5　高寒草甸环境因子耦合与土壤微生物群落特征的空间关联性

对植被及土壤环境因子和微生物群落组成进行 Mantel test 分析，植被因子与土壤细菌群落无明显相关性（$r=0.03$，$P=0.42$），地上生物量与土壤真菌群落呈显著正相关；相比植被因子，土壤因子与细菌菌群结构和真菌菌群结构均显著关联（$r=0.21$，$P=0.01$；$r=0.43$，$P=0.01$），土壤 SWC、pH、TOC、TN、TK 和 N/P 与土壤细菌群落结构显著正相关，土壤 SWC、pH、TOC、TN、NH_4^+-N、AP、TK 和 AN/AP 与土壤真菌群落结构显著正相关；土壤微生物碳源利用能力与微生物群落组成无明显相关性；土壤微生物生物量碳氮与土壤真菌和细菌群落结构呈显著正相关，即土壤微生物群落结构越复杂土壤微生物生物量碳氮含量越高，微生物活性越强（表5.3）。

表 5.3　植被特征、土壤性质与土壤微生物的 Mantel test 分析

指标	细菌群落		真菌群落		Faprotax 生态功能结构	
	r	P	r	P	r	P
植物香浓指数	−0.01	0.52	−0.02	0.55	0.07	0.23
物种丰富度	0.12	0.12	0.13	0.10	0.02	0.39
植被盖度	0.02	0.38	0.08	0.18	0.08	0.23
地上生物量	0.04	0.32	0.32	0.002	0.12	0.14
地下生物量	−0.04	0.62	−0.14	0.92	−0.08	0.09
土壤含水量	0.17	0.02	0.45	0.002	0.18	0.02
pH	0.19	0.02	0.33	0.006	0.18	0.04
TOC	0.17	0.03	0.45	0.002	0.21	0.02
TN	0.17	0.03	0.43	0.001	0.17	0.03
NH_4^+–N	0.05	0.22	0.63	0.001	0.23	0.008
NO_3^-–N	0.11	0.09	−0.01	0.52	0.14	0.06
TP	0.10	0.11	0.15	0.08	0.15	0.09
AP	0.09	0.17	0.31	0.003	0.10	0.20
TK	0.22	0.006	0.36	0.002	0.21	0.02
AK	0.07	0.19	−0.01	0.49	−0.04	0.61
土壤有效氮磷比	0.15	0.048	0.50	0.001	0.20	0.03
土壤碳氮比	0.18	0.05	0.03	0.35	0.09	0.22
微生物碳源利用	0.05	0.26	−0.06	0.68	−0.03	0.57
土壤微生物生物量碳	0.18	0.02	0.44	0.003	0.22	0.02
土壤微生物生物量氮	0.27	0.007	0.35	0.002	0.24	0.006

　　与土壤细菌群落结构相似，微生物 Faprotax 功能结构与植被因子无明显相关性（r=0.14，P=0.11），而与土壤因子显著关联（r=0.23，P=0.009）；土壤 SWC、pH、TOC、TN、NH_4^+–N、TP、

TK 和 AN/AP 与微生物 Faprotax 功能结构显著正相关，即土壤状况越好微生物功能结构越稳定，土壤系统物质循环效率就越高；土壤微生物生物量碳氮与微生物 Faprotax 功能结构显著正相关，即微生物活力越旺盛其功能结构就越稳定（表 5.3）。

采用 R 语言对高寒草甸植被和土壤环境因子与土壤微生物群落结构之间的关系进行冗余分析，高寒草甸植被和土壤环境因子对土壤细菌群落结构变化的解释率为 85.69%，未能解释率为 14.31%，其中，土壤因子可单独解释 48.45%，植被因子单独解释率为 7.39%，土壤植被因子共同作用可解释 29.85%（图 5.4）。高寒草甸植被和土壤环境因子对土壤真菌群落结构变化的解释率为 76.78%，未能解释率为 23.22%；其中，土壤因子可单独解释率为 36.9%，植被因子单独解释率为 7.2%，土壤植被因子共同作用可解释 32.68%。

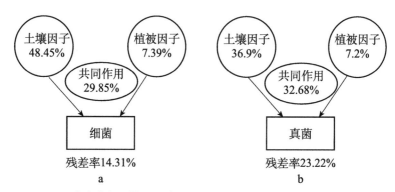

图 5.4 高寒草甸土壤和植被环境因子与土壤微生物群落的冗余分析

注：圆表示环境因子，圆中的数字表示解释率，中间椭圆的数字表示两个环境因子的共同解释率。Soil（包含 SWC、TOC、pH、TN、NH_4^+–N、NO_3^-–N、TP、AP、TK、AK），Plant（BGB, Plant species richness and coverage）。

高寒草甸植被和土壤环境因子对土壤微生物 Faprotax 生态功能结构变化的解释率为 87.17%，未能解释率为 12.83%，其中，土壤因子可单独解释 31.55%，植被因子单独解释率为 4.88%，土壤植被因子共同作用可解释 50.74%（图 5.5）。相比土壤微生物群落结构，土壤—植被耦联作用对微生物功能结构的影响更大。

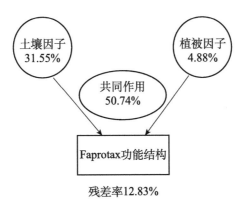

图 5.5 高寒草甸土壤和植被环境因子与土壤微生物生态功能结构的冗余分析

5.6 讨 论

高寒草甸土壤微生物多样性与植被多样性无明显相关性，土壤真菌多样性与草地植被物种丰富度和地上生物量呈显著负相关。土壤微生物物种组成与 TN、TOC 和 SWC 显著正相关，与 TK 和 pH 显著负相关。土壤微生物多样性和植物多样性在有限范围内，与区域演变、区域土壤环境、区域生物群之间的相互作用和协同进化等因素有关（Yang et al.，2017；Toju et al.，2014；Peay et al.，2016），除菌根真菌外，所有真菌和功能群的丰富度与植物多样性无明显相关性，植物-土壤反馈不影响全球范围内土壤真菌的多样性，真菌遵循与植物和动物相似的生物地理模式（Tedersoo et al.，2014）；土壤真菌的丰富度主要受土壤碳氮（C：N）比，土壤磷和可溶性有机碳等因素影响（Yang et al.，2017），非生物因素而非生物因素控制土壤真菌的 α-多样性（Hu et al., 2019）。土壤养分状况是控制真菌组成变化的最重要因素，真菌多样性与土壤物理结构的密切相关（Li et al., 2016），以上研究为本结果提供了进一步证实。

土壤细菌群落结构和功能结构与植被特征无明显相关性，真菌群落结构与地上生物量显著正相关，土壤性质对微生物群落及功能结构起主要调控作用。土壤 SWC、pH、TOC、TN、TK 和 AN/AP 是主要调控因子，此外，NH_4^+-N、AP 与真菌群落结构，NH_4^+-N 与 Faprotax 功能结构均呈显著正相关，土壤状况越好微生物功能结构越稳定，土壤系统物质循环效率就越高。对土壤微生物群落影响最大的因素之一是 pH 值，pH 值强烈影响非生物因素，如碳的有效性（Andersson et al., 2000；Kemmitt et al., 2006）和养分的有效性（Aciego and Brooks, 2008；Kemmitt et al., 2005；2006）。此外，土壤 pH 还可以控制生物因子，如真菌和细菌（Fierer and Jackson, 2006）的生物量组成，土壤 pH 值的变化是细菌群落组成变化最密切的因素（Xiang et al., 2018）。真菌被认为是分解凋落物的主要参与者，凋落物质和量的变化势必导致凋落物相关的微生物的活动变化（Voriskova and Baldrian, 2013），特定真菌物种与特定凋落物类型具有选择关联性（Hooper et al., 2000）。草地退化导致微生物群落结构的变化，认为与土壤中有机物质输入的改变、土壤性质变化及生物竞争、对物理和生物环境的扰动适应性等因素有关（Li et al., 2016；Nixon et al., 2019）。土壤有机碳和氮含量等环境因素是青藏高原活跃层土壤中微生物群落结构变化的主要驱动因素（Chen et al., 2017）；土壤温度、pH 值、碳氮比、土壤质地是土壤微生物群落结构的主要驱动因子（Cui et al., 2019；Chen et al., 2016；Hu et al., 2014）。

土壤微生物生物量碳氮与植被盖度、物种丰富度及地上和地下生物量密切相关。土壤微生物群落结构越复杂，土壤微生物生物量碳氮含量越高，微生物活力越旺盛，其功能结构就越稳定。草地从 ND 到 ED 退化过程中，因地上植被组成的变化导致微生物可利用的物质基础发生改变，土壤微生物量在不同生物群落中存在显著差异（Xu et al.，2013）；分解有机质的土壤微生物的生长被认为受到碳的限制（Allison et al.，2010；Xu et al.，2013），植物残体是草地土壤有机质主要来源，也是土壤微生物摄取营养和能量的来源（Hu et al.，2014），进入土壤中的有机物的成分、数量不同，参与这些有机质分解的微生物的组成和数量也就不同，不同微生物转化固定的碳氮也就存在差异。

高寒草甸土壤中细菌与真菌之间多为互利共生关系，仅有酸杆菌（*A. sp Ac–12–G8*）与丝盖伞菌（*I. giacomi*）、杆菌与被毛孢菌（*H. nomerhossiliensis*）和丝膜菌（*C. diasemospermus*）之间存在竞争互抑关系。固氮螺菌属（*Azospirillum* spp.）、假单胞菌属（*Pseudomonas* spp.）和木霉（*Trichoderma* spp.）已知能显著促进或抑制其他微生物种群（Vazquez et al.，2000），本研究中酸杆菌（*A.sp Ac–12–G8*）、丝盖伞菌（*I. giacomi*）、杆菌、被毛孢菌（*H. nomerhossiliensis*）和丝膜菌之间的抑制作用尚需进一步研究。

高寒草甸土壤酶活性主要受土壤真菌影响，脲酶活性、磷酸酶活性分别与被孢霉菌门、罗兹菌门/隐菌门和担子菌门真菌显著正相关，球囊菌门真菌对脲酶和磷酸酶活性、壶菌门和厚壁菌门对蔗糖酶活性有抑制作用。一般认为，土壤酶主要来源于土壤中的微生物（孙云云和赵兰坡，2010）。土壤酶活性与细菌和真菌群密切相关（Aon and Colaneri，2001），担子菌可以释放过氧化物酶、漆酶、木质素过氧化物酶和锰过氧化物酶（Glenn and Gold，1985；杨万勤和王开运，2004），放线菌可以释放过氧化物酶、酯酶和氧化酶（Dari et al.，1995）。木霉菌和腐霉提高了沙壤土的酸性和碱性磷酸酶、脲酶、β－葡聚糖、纤维素酶和几丁质酶的活性（Naseby et al.，2000），本研究中，被孢霉菌门、罗兹菌门／隐菌门、担子菌门、球囊菌门、壶菌门和厚壁菌门是否可释放或抑制相关酶类还需要进一步考证。

高寒草甸植被和土壤环境因子对土壤细菌、真菌群落结构和Faprotax功能结构变化的解释率分别为85.69%、76.78%和87.17%，其中土壤植被因子共同作用可解释29.85%、32.68%和50.74%，相比土壤微生物群落结构，土壤-植被耦联作用对微生物功能结构的影响更大，植物-土壤互作可加快土壤有机碳的矿化（Lu et al.，2017）。高寒草甸植被与土壤因子对土壤细菌和真菌群落变化的解释率分别为79.92%和80.78%，其中，土壤特征对二者的解释率分别为33.8%和35.6%，植被特征对二者的解释率则分别为25.3%和21.7%（Li et al.，2016），植被群落类型决定了土壤微生物群落的初步组成，植被通过影响土壤环境而影响其微生物群落结构（张于光，2005）。

5.7 小 结

高寒草甸土壤微生物多样性与植被多样性无明显相关性，土壤真菌多样性与草地植被物种丰富度和地上生物量呈显著负相关。土壤微生物物种组成与TN、TOC和SWC显著正相关，与TK和pH显著负相关。土壤细菌群落结构和功能结构与植被特征无明显相关性，真菌群落结构受地上生物量影响，土壤SWC、pH、TOC、TN和TK对微生物群落及功能结构起主要调控作用，土壤状况越好，微生物功能结构越稳定，土壤系统物质循环效率就越高。土壤微生物生物量碳氮与植被盖度、物种丰富度及地上和地下生物量密切相关，土壤微生物群落结构越复杂土壤微生物生物量碳氮含量越高，微生物活力越旺盛其功能结构就越稳定。高寒草甸土壤中细菌与真菌之间多为互利共生关系，高寒草甸土壤酶活性主要受土壤真菌影响。高寒草甸植被和土壤环境因子对土壤细菌、真菌群落结构和 Faprotax 功能结构变化的解释率分别为 85.69%、76.78% 和 87.17%，其中，土壤因子可单独解释 48.45%、36.9% 和 31.55%，土壤植被因子共同作用可解释 29.85%、32.68% 和 50.74%，相比土壤微生物群落结构，土壤–植被耦联作用对微生物功能结构的影响更大。

黄河源区退化高寒草甸生态-生产功能协同恢复策略

草地生态恢复的主要目标为：实现生态系统的地表基底稳定性，保证生态系统的持续演替与发展；恢复植被和土壤，保证一定的植被覆盖率和土壤肥力；增加物种种类和组成，保护生物多样性；实现生物群落的恢复，提高生态系统的生产力和自我维持力；减少或控制环境污染，降低生态环境风险；保护和恢复生态景观，增加视觉和美学效果。退化草地恢复，其核心理论是经典生态学中的"演替理论"。演替理论认为，在自然条件下，如果群落或生态系统遭到干扰和破坏，它还是能够恢复的，尽管恢复时间有长有短。通过人为手段对恢复过程加以调控，可以改变演替速度或演替方向。由此，衍生出了恢复生态学的自身理论，有自我设计理论和人为设计理论两种。自我设计理论强调草原生态系统的自然恢复过程，认为在足够的时间内，退化生态系统将根据环境条件合理地组织并会最终改变其组分；人为设计理论强调人类的辅助投入作用，认为通过工程和其他措施可以加速退化生态系统的恢复。黄河源区退化草地的恢复治理是一个长期的过程，需要根据草地退化格局及退化等级、有害生物危害水平、放牧制度及强度、当地土壤环境、立地条件及牧民对草场的经营理念等因素，以自然恢复为中心，人为恢复为辅助，选择适宜的草种和恰当的修复措施，进行"防"与"治"相结合的综合治理，以实现生产、生态和经济的协同发展。

6.1 建立完善草地退化格局及等级划分的 3S 监测体系

退化草地恢复治理，首先要准确掌握现有草地退化格局，明确草地退化等级，因地制宜制定修复方案。目前，江河源区的草地状况总体了解有限，加之区内差异明显，有实际生产意义的恢复治理规划很少。传统的草地调查是以人工到草地实际生长地去调研草地生长环境及生长状态，记录草地相关数据，这种人工调查不但要花费大量的人力、物力和财力，且其调查结果受人为主观性影响差异较大，同时数据获取周期长、效率低、时效性差，不适于大范围长时间监测。3S 技术是遥感技术（Remote sensing，RS）、地理信息系统（Geography information systems，GIS）和全球定位系统（Global positioning systems，GPS）的统称，是结合空间技术、传感器技术、卫星定位与导航技术和计算机技术对空间信息进行采集、处理、分析和应用等的现代信息技术。随着 3S 技术的不断发展，影像数据时间分辨率、空间分辨率和光谱分辨率的不断提高，遥感、全球卫星定位系统和地理信息系统紧密结合起来的"3S"一体化技术以其快速、高效、精准、大面积、长时序、动态性等优点，已在草地退化监测中显示出其独特的优势和广阔的应用前景。

目前，利用 3S 技术对草地的监测主要还是利用植被指数与地面草地指标建立相关关系来评定草地退化情况，其核心是通过相关性分析从众多植被指数中筛选出与草地退化程度地面评价指标相关性较高的植被指数。据文献报道，在实际中利用3S监测指标开展草地退化评估时，有的学者选取指标体系中某个指标，例如覆盖度、净初级生产力、生物量，也有的学者采用选择建群种植株高度、植被覆盖度和生物量多个指标进行综合评价（朱宁等，2020；韦惠兰和祁应军，2016；苏玥，2019；安如等，2018）。覆盖度、高度、地上生物量是草地退化综合评价模型构建时最常用的监测指标，也是草地退化最敏感最先表现出来的指标。3S技术对覆盖度、高度、地上生物量、产草量、净初级生产力指标监测精度较高，应用潜力也较大，但因参照的地面草地指标标准不一，导致不同学者监测获取的草地信息存在较大差异，因此，在区域环境内针对同一类型草地需建立统一的地面参照标准。此外，上述指标主要表征植被退化，而对牧草可食率、物种多样性、退化指示物种个数、优势种及建群种个数以及土壤特征等指标监测的监测精度低，监测结果具有较大的不确定性。因此，需建立多维度高光谱遥感监测技术，进一步提高其对草地群落中植物生物学特性的有效识别并精准统计其个体数量，同时，反演出占群落的面积比例、高度和盖度等群落特征指标，对草地退化状况作出精准判断，并依据监测结果对不同退化等级的草地进行准确划分和定位。

6.2　草地有害生物综合防治

草地有害生物综合治理是根据草地生态系统的结构特点，以生态防治为基础，生物、物理和化学防治为辅助，通过各种措施的综合应用，将有害生物的危害水平调节并保持在经济阈值水平之下，以获得最佳的经济、生态和社会效益。据统计，黄河源区鼠虫害面

积约 330×10^4 hm²，其中，鼠害和虫害面积分别为 240×10^4 hm² 和 88×10^4 hm²，占全区可利用草地面积的 34.66%，该区鼠害导致的退化黑土滩草地达 50%。

中国科学院西北高原生物研究所报道，仅 2004 年因为鼠害造成的青藏高原鲜草的损失量就约为 2 000 万只藏绵羊的载畜量，达 300×10^8 kg/ 年。目前，青海省草原鼠害的种类主要为青海田鼠、高原鼠兔和高原鼢鼠。21 世纪初期，三江源地区主要采用化学和物理方法开展鼠害治理，包括化学药剂毒杀和人工灭鼠。但是化学药物毒性大，会引起天敌二次中毒和累积中毒，引发食物链的破坏，后来采用生物毒素开展草地鼠害防治，平均防效达 94% 以上。同时，采用招鹰控鼠、驱避剂、不育剂、天敌寄生虫、鼠夹、鼠箭等生态控制方法，效果显著。据记载，三江源鼠害防治工程连续 3 年大面积实施后，草地鼠害危害面积从历史最高值的 826.67×10^4 hm² 下降到 600×10^4 hm²。杨晓慧（2017）研究报道，D 型颗粒毒饵与 0.1% D 型肉毒素对高原鼢鼠具有较好的防治效果，160 万艾美尔球虫天敌和增效剂 400MLD 及增效剂 2025MLD 和 40 万球虫对高原鼠兔防治效果显著，球虫或增效剂剂量越大，鼠兔的死亡率越高；采用 0.03%～0.06% 炔雌醚不育剂对青海田鼠进行处理后，雄性成体睾丸重量显著降低，睾丸组织结构明显病变，雌鼠体重显著增加，有效繁殖率降低。

黄河源区虫害种类主要是草原毛虫和蝗虫，其中，草原毛虫包括青海草原毛虫和金黄草原毛虫，蝗虫包括宽须蚁蝗、狭翅雏蝗、小翅雏蝗、红翅雏膝蝗和白边痂蝗等。调查统计，青海省草原毛虫分布面积 106.19×10^4 hm²，虫口密度≥30 头 /m²，危害面积 70.17×10^4 hm²；青海省内的草地蝗虫分布总面积高达 107×10^4 hm²，其中，灾害面积为 50×10^4 hm²，每年因蝗虫引致的牧草损失率达 60%～80%。对于草原毛虫，以往多用化学药剂 2% 苦参碱水剂和

0.5% 蛇床子素水乳进行防治。然而，随着人们环境保护意识的提高，生物防治逐渐替代化学防治，尤其是在国家明令禁止在江河源区使用化学农药后。有研究报道，以 0.5%～0.6% 核型多角病毒配合增效剂、450 ml/hm² 用量的 100 亿活孢子 /ml 的短稳杆菌悬浮剂、2 500I Js/ml 的毛虫病原线虫等可以对草原毛虫起到较好的防治效果；另还可以引入草原毛虫天敌昆虫，如斑草毒蛾黑卵蜂、草原毛虫金小蜂、草原毛虫姬小蜂等进行生物防治。对于草原蝗虫可使用植物源农药 0.3% 印楝素乳油制剂和 1% 苦参碱进行防治；还可以使用生防菌如苏云金杆菌、绿僵菌、白僵菌、1.8% 阿维菌素、类产碱假单胞菌和蝗虫痘病毒对蝗虫进行接种感染防治，同时可以使用原生动物蝗虫微孢子虫对其进行生物防治（刘艳等，2011；李未娟，2017）。此外，需要根据不同区域的害虫危害和防治措施，制定相应的防治经济阈值和以生态效益为主导的生态阈值；还应加强相关部门对鼠虫草害防治的重视程度，增加资金投入，并完善有害生物预测预报体系，对有害生物发生、流行等进行准确测报。

6.3 乡土草种资源挖掘、选择及优化配置

　　根据草地植被群落演替理论，应用与恢复区域环境相适应的乡土草种，把退化草地恢复到物种组成、多样性和群落结构与地带性植被接近的生态系统是实现草地近自然恢复和防止草地二次退化的关键。受青藏高原地区极端环境条件限制，目前能够大量获取的乡土草种只有垂穗披碱草、老芒麦、中华羊茅、草地早熟禾、星星草等不到 10 种禾本科草种，其他科属植物种源不易获取。对于大规模的生态恢复实践而言，无论是免耕补播，还是人工草地的建植，由于可利用草种少、种子质量低以及机械化播种难度大等导致的补播群落组成单一、稳定性差、种子出苗及存活率低、补播技术不易

推广等问题，已成为限制退化高寒草地近自然恢复的技术瓶颈。应挖掘青藏高原乡土草种资源，采集野生牧草种子，通过扩繁、收获、清选加工、播种及物种组配等的系列研究，解决种源不足问题（贺金生等，2020b）。保障野生牧草种源数量和质量，选择来源于恢复目标生境的野生牧草草种进行搭配补播和人工建植，是保持群落的相对稳定、提高草地恢复能力和维持草地可持续利用的有效途径。

6.4 因地制宜采用适当的恢复技术

草地生态恢复的技术方法按其性质可以归纳为三种类型：非生物方法、生物方法和管理手段。这三种方法的具体选择取决于草原生态系统退化的原因、类型、阶段与过程。对于非生物因素，包括地形地貌、水肥条件等引起的生态系统退化，一般通过物理方法如地形改造、施肥等方法进行生态恢复；对于生物因素，包括物种组成、物种适应、群落结构等引起的生态系统退化，一般需要通过生物方法进行恢复；对于社会经济因素引起的生态系统退化（结构功能和景观退化），一般通过管理手段促进生态系统的有效恢复。常用的退化草地恢复技术主要包括：封育、松土、免耕补播、施肥、人工建植等。贺金生等（2020）系统整理了2000—2019年间关于青藏高原退化草地生态修复措施的文献资料，总计169个恢复研究案例中应用最为广泛是围栏封育（78个案例），其次为人工草地建植（35），免耕补播（11）、施肥（11）的研究案例数也在10个以上（图6.1）。

草地封育是把草地暂时封闭一段时期，在此期间不进行放牧或割草，使牧草有一个休养生息的机会，积累足够的贮藏营养物质，逐渐恢复草地生产力，并使牧草有进行结籽或营养繁殖的机会，促进草群自然更新。草地封育为天然草地近自然修复的一种行之有效的措施，其投资少且简单易行，普遍为国内外采用。围栏封育已经有 40 年的历史，实践证明，退化草地经过封育一个时期后，草地植物的生长发育，植被的物种组成和草地的生境条件都得到了明显的改善，草地生产力明显提高。关于围封时间的长短需依据当地的具体环境而制定。松土包括划破草皮和草地松耙等，划破草皮是在不破坏天然草原植被的情况下，对草皮进行划缝的一种草地培育措施；松耙即对草地进行耙地。对草地进行松土作业，可以改善土壤的通气条件，提高土壤的透水性，改进土壤肥力，提高草地生产能力，同时可以消除地面的枯枝残草，促进嫩枝和某些根茎性草类植物的生长，有利于草地植物的天然下种，是改善草地土壤状况的常

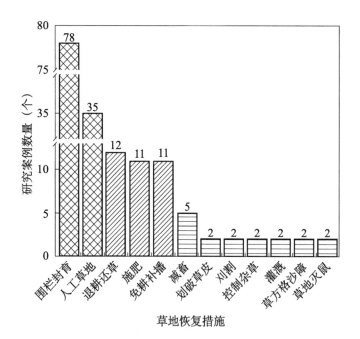

图 6.1　青藏高原退化高寒草地不同草地恢复措施的案例数
（贺金生，2020a）

用措施之一。免耕补播是在不破坏或少破坏草地植被的条件下，通过补播适宜的优良草种，提高退化草地的生产力和物种多样性。有研究报道，在重度退化草地进行垂穗披碱草的补播可有效提高土壤质量，增加植被覆盖度，改善草地质量，使草地向良性方向发展（孙磊等，2018），但不同物种竞争力不同，免耕补播的效果在不同退化草地间也可能存在较大差异。尹亚丽等（2020）对补播草地的研究显示，土壤速效养分含量和土壤蔗糖酶活性显著升高，土壤微生物群落及功能结构发生明显改变，认为补播改变了土壤微生物与土壤性质的调控关系。人工草地建植是利用农业综合技术，在完全破坏天然植被的基础上，通过人工播种建植的新的人工草本植物群落，其优点是可以快速增加退化草地的植被盖度，解决草畜矛盾。草地植被是衡量生态系统生长状况和生产力的重要指标。研究表明，植物受到"功能平衡"的影响，地上生物量和地下生物量呈显著正相关，即无胁迫条件下禾草类地上生物量与地下生物量等速生长。赵文等（2020）的研究结果显示，建植 2 年的人工草地植被盖度提高 13.7%，地上生物量较黑土滩退化草地提高约 40%，土壤微环境发生明显改变。

对于不同退化程度的天然草地，采用不同的恢复措施。在严重退化-黑土滩草地，退化生态系统的恢复首先是植被恢复，植被恢复能充分利用土壤-植物复合系统的功能改善局部生态环境，促进生物物种多样性的形成，草地本身的土壤结构及其理化性质得到恢复，草地植被演替才达到稳定阶段。因此，应通过翻耕、耙糖、撒播、施肥、镇压等农艺措施，快速建立以适宜乡土草种为主的多年生混播人工草地群落。研究显示，退化草地进行人工补播后，植被状况改变引致植物质和量的变化，进而对土壤中微生物产生直接或间接影响。戎郁萍等的研究也指出，在严重退化的草场建植优质高产的人工草地，是短时间内缓解牧业压力、治理黑土滩最有效的方法，植被盖度 2 年内可高达 80% 以上，是极重度退化草地改善土壤肥力、提高植被盖度、维护生态平衡的有效途径。对于重度退化、鼠害破坏太严重的草地，先行鼠害防治，后采用松耙、补播、施肥等改良措施，改善土壤的通气状况，加强土壤微生物的活动，促进土壤中有机物质分解，对退化草地土壤系统起到明显的修复效应，进而促进植被快速恢复。对于中度和轻度退化草地，应以天然草地的自我修复为主，改良措施为辅，以较少的投资换取天然草地较快的恢复，取得较明显的治理成效。

6.5　土壤环境改善与土壤质量提升

　　草地退化是植被与土壤共同退化的结果，依据草地退化机理采取适当的恢复措施是有效治理草地退化的前提，土壤与植被协同恢复是退化草地持久治理的根本手段。退化草地土壤的修复对草地的可持续发展至关重要，通过施肥措施改善土壤养分条件是补充退化草地植被所需营养的直接方法。目前，在退化草地恢复过程中，已进行了一些恢复土壤养分促进草地恢复的尝试。例如，通过施肥并辅助围栏封育恢复中度退化草地土壤养分；通过构建土壤（土层覆盖）并辅助施肥恢复黑土滩退化草地土壤养分。文献报道，在青藏高原高寒草地使用较为普遍的为氮肥，但长时间氮添加使得土壤保水能力下降、土壤淋溶侵蚀，造成江河源区水环境污染；加之土壤有机碳淋失、碳氮比严重失调、微生物活性降低、氮转化速率受阻，土壤状况更加恶劣。研究表明，草地退化后土壤有机碳含量显著减少，且退化程度越高，CH_4 消耗和 CO_2 排放越大，重度退化高寒草甸的 CH_4 消耗量分别是未退化和中度退化草地的 6.6～21 倍和 1.1～5.25 倍，CO_2 排放量分别是未退化和中度退化草地的 1.05～78.5 倍和 1.04～6.28 倍，黑土滩草地退化后土壤表层土壤有机碳损失 60% 以上，土壤微生物量碳氮比和土壤碳氮比均显著降低。土壤有机质的减少、团粒结构的破坏及土壤碳排放增加 $39.7 \sim 42.5$ gC / $(m^2 \cdot a)$ 导致土壤环境进一步恶化。土壤养分制约是退化高寒草甸恢复过程中主要限制因素之一，不同程度退化草地土壤养分间存在较大差异，通过外源养分添加需充分了解不同退化草地土壤养分的实际情况，才能让土壤养分元素之间计量关系达到平衡。因此，在黄河源区退化高寒草甸土壤养分恢复过程中，在氮肥添加的基础上尚需考虑外源碳素及磷素的补充。

退化草地生态系统恢复是植被、土壤和微生物的协同恢复，三者密切相关，它们之间的作用与反馈成为草地生态系统地上、地下结合的重要纽带。物理性、生物性和化学性三性良好的土壤是健康土壤的标志，好的土壤物理结构是好的土壤排水性、透气性、保水性和保肥性的基础保证，是微生物生长繁殖的良好环境。土壤微生物在维持草地生态系统碳循环和养分循环中发挥着巨大作用，是促进草地土壤形成、演化和维持生态系统稳定不可缺少的组成部分。微生物群落的多样性及复杂性不仅维持了多种生态系统功能和服务，而且对土壤微生物群落的控制也是退化生态系统恢复的关键。细菌、真菌、噬菌体、原生动物等大量微生物既是草地土壤中活的有机质部分，又是土壤养分的"源"和"库"。健康的土壤是由丰富的腐殖质、优良的有机质肥和多样化的微生物共同形成的。接种健康土壤中的少量"供体"微生物有助于恢复退化的生态系统。微生物制剂在退化草地恢复中的应用并不多见，但世界各国微生物制剂种类繁多，并大量运用于农牧业。主要的微生物制剂包括固氮菌肥、解磷解钾菌肥、分解菌剂等，尤以根瘤菌、圆褐固氮菌、固氮螺菌、巨大芽孢杆菌、枯草芽孢杆菌和荧光假单胞菌等为主要菌种的产品已大量应用，例如巴基斯坦"Biopower"、美国"Azo-Gree"、"Azo–Green"、意大利"Zea–Nit"等。但由于菌种、作物和地域不同，各类微生物制剂效果差异很大。青藏高原生态环境特殊，获得这种生态环境下可培养、高效功能菌种及其组合是打破退化草地土壤微生物制约并将其应用于退化高寒草地恢复的关键，为提高效果和功能，应用多种不同功能的菌株，实现多菌株混合、高密度发酵是微生物制剂生产的关键技术。

6.6 合理放牧、优化管理制度

高寒草地是青藏高原最重要的植被类型，其牧草的适口性好，营养价值高，特别适于牦牛和藏绵羊的放牧，是我国西北地区重要的优良牧场（任继周，2012），也是我国重要的三大草地畜牧业基地之一。20世纪以来的考古发掘证据表明，远在史籍记录以前的新石器时代，青藏高原就已经有比较发达的畜牧业，其历史可以追溯到 8 000 年以前（Niu et al.，2016）。放牧不仅具有为当地牧民提供丰富的畜产品等经济和社会功能，也是维持草地群落结构稳定和生态系统功能正常发挥的必要活动（Dong et al.，2020）。进入现代社会以来，高寒草地作为青藏高原"生态–生产–生活"三生功能协调发展的重要载体，其关键作用愈加凸显，然而由于高原地区特有的极端生境：生长季温度较低、紫外辐射强烈、土壤有效养分元素的缺乏等，使得高寒草地被认为较其他生态系统对环境的响应更为敏感也更为脆弱；而 20 世纪 70 年代以来的长期超载过牧所造成的严重的草原退化问题，也加剧了高寒草地生态系统的脆弱性，使得本地区的畜牧业生产力较低，抗灾能力弱（董世魁，2015），形成了高原畜牧业"秋肥、冬瘦、春死、夏抓膘"的恶性循环，严重制约了高寒草地"生态–生产–生活"功能的发挥。

放牧强度、放牧制度和畜种比例等对如何影响草地生态系统的影响，均是畜牧业研究的关键问题。20世纪以来，因过度放牧造成了中国草原及世界上其他国家草原的大面积严重退化，很多研究者开展了关于放牧强度对草地生态系统影响的实验，包括对草地群落结构、生物量的影响等。大量的研究证明，不同程度的放牧均会减少植被地上现存生物量（董全民，2012），而且使得优良牧草（禾类草和豆科植物）个体生物量降低（赵彬彬，2009），在群落中的比例亦降低下降（董全民，2006b）。但是，也有研究发现在重度放牧压力下，地上现存生物量反而增加，这一般是由杂类草生物量的大量增加造成，例如，在内蒙古小针茅草原上轻度、中度放牧压力下地上现存生物量降低，而重度放牧压力下地上现存生物量反而增加，是缘于一年生杂类草猪毛菜的生物量迅速增加（王国杰，2005）。草地地下生物量通常与放牧强度成负相关，对于多年放牧的草地，随着退化演替的进行，地下生物量变化趋势可能发生改变（袁璐，2012），如地下生物量会在放牧后增加，但优质牧草的根量均呈减少趋势，且放牧有促使植物的根系向土壤上层集中的趋势。然而，在放牧情况下，植被净生产力不等于地上现存生物量，而是被家畜采食的生物量与地上现存量之和。McNaughton（1983）认为放牧会通过减少地面覆盖物积累，提高土地水分保存率和疏枝冠叶层的光透射以及植物的光合再循环，清除消耗资源的低效组织，降低叶片衰老速度和引入生长刺激物（唾液）等机制使植物产生补偿生长。一般认为，有"超补偿生长""等补偿生长"和"欠补偿生长"3种类型，大量研究均发现适度放牧可以促进植物超补偿生长，增加植物的净生产力，有利于草地生态系统结构和功能的稳定。

放牧制度一般分为连续放牧和划区轮牧，国内外研究证实划区轮牧能够协调草原的生态功能和生产功能，提高草地生物量和营养品质（任继周，2012）；此外，避开牧草早春萌发期而将放牧时间推迟或者在此时期内休牧，亦有利于牧草的生长。朱立博等

（2008）研究了春季休牧对草地植被的影响，发现休牧2~3年后，群落地上生物量、盖度和高度均高于连续放牧的草地，随着休牧年限的增加休牧区草地呈现良性恢复趋势。孙世贤等（2013）研究了春、夏、秋载畜量的调控利用对草地的影响，发现"春季不放牧＋夏季重度放牧＋秋季适度放牧"组合下，群落生物量和多样性显著高于其他组合。

各放牧家畜具有不同的采食习性，因此畜种比例的不同亦会对草地生态系统产生不同的影响，例如牛能用舌头攫取成束的植物并把其扯断采食，可食用较大的植物，羊是通过下门牙和上颌的角质垫切断植物采食，适食低矮植物（任继周，2012）。理论上，2种或者更多种家畜一起放牧，可以充分利用各种植物资源，而且种间混合放牧比单一种群放牧收获更多的畜产品，这符合牧民的实际生产情况，也更能满足社会对畜产品的需求。近年来，有学者研究放牧方式（即不同的畜群结构）对草地的影响，发现牛、羊单牧和混牧均没有显著改变地上生物量，但混合放牧更有利于维持或提高物种多样性，因此，混合放牧可能是优于单牧的放牧管理模式。

综上所述，经过国内外大量的科学试验和生产实践，就放牧活动对草地群落生物量和生产力的影响已经取得了丰富的研究成果，并可用于指导生产实践，例如，适度强度的放牧可促进植物的生长，增加群落净生产力；划区轮牧不仅能够保持较高的畜产品获得，亦有利于草地群落的恢复和稳定；混合放牧可以更充分地利用各种植物资源，有利于维持或提高物种多样性。然而，草地的生产力功能是草地管理的最重要的目标，但是若长期只关注其生产力功能会造成草地生态系统的不稳定，为实现草地畜牧业的可持续发展，应当全面考虑生态系统的多个功能。作为独特的地理单元，青藏高原具有辐射强烈，气温低的独特气候条件（张玉波等，2017），放牧是影响高寒草地群落结构的主要因素，而在放牧影响下群落结构发生变化（演替）的内在机制依然不明晰，因此，开展不同放牧管理方式的研究，实现严格精确控制家畜数量、畜种比例和畜群结构，提高草地质量，优化放牧管理制度是维持高寒草原生态系统的稳定与可持续利用以及青藏高原畜牧业健康可持续发展的基础。

6.7 积极推动牧民文化和科技教育

重视草地畜牧业的科学研究，大力发展黄河源区义务教育事业、提高广大牧民的文化素质和科技常识，是恢复和重建该区退化草场、保证草地资源可持续利用、促进草地畜牧业健康发展的基础。就牧民而言，草地资源不仅是国家、地区的生态安全屏障，更是草地畜牧业发展的环境与物质基础，草地退化不仅影响牧区经济发展和牧区居民的经济收入，更是区域性生态灾难的主要诱因。牧民生产行为应该与国家草地资源保护相一致，牧民应该有保护周边草地资源的动力。

牧民进行草地资源生态保护似乎是理所应当的，也是无需争论的，但在孙前路等（2014）对 1 548 份牧户调查问卷中发现，在草地退化问题上，牧民已经形成共识，认为草地出现不同程度退化现象；而当问及草地保护责任时，67.44% 和 32.56% 的牧户认为草地保护的主体应该是中央政府和地方政府，选择应由牧民保护的牧户为零。牧民普遍认为草地是国家的，牧民只是承包（或经营）而已，政府不保护草地资源，草地退化肯定加重，牧民没有能力也没有资金进行草地保护。牧民文化素质关系着牧民对草地资源退化程度的认知深度，并影响着牧民的放牧行为，牧民文化水平低和科技知识缺乏是牧民对草地退化形势认识与放牧行为冲突的主要原因。在牧民已对草地退化形成共识的前提下，仅有 8.97% 的牧户选择在未来几年不会扩大养殖规模，而 91.03% 的牧户依然为了好的市场前景和经济收入增加的目的而选择扩大养殖规模（樊文涛，2019）。牧民具有草地保护认知，但欠缺草地保护动力；牧民具有草地保护愿望，但欠缺草地保护行为。牧民缺乏草地生态保护主动意识，这一现象值得反思。

牧民是构建同自然和谐共生空间的主体，因此，在尊重牧民在草地保护中的主体地位的前提下，首先，应强化他们在生存空间中的主人翁意识，积极引导他们主动保护家园（切排和刘玉芳，2013）。对于牧区生态环境的恢复与社会的发展，外界支持与政府扶持是被动而有限的，应激发牧民的积极性、主动性和创造性，引导当地牧民自主发展、自立自强才是长久之计。其次，需加强对生态环境保护知识的宣传，提高牧民对生态环境退化原因的认知，并在政府的合理引导下激励牧民主动实施生态保护行为，全面推进生态保护战略。最后，需提高牧民文化素质，采用多渠道多方式对牧民进行草场合理利用、草畜平衡发展和生态环境保护等科普教育，加强科技成果的示范推广，使牧民从科学养殖、合理放牧中获益，才能防止草场退化，达到彻底治理退化草场的目标，实现黄河源区草地畜牧业的可持续发展。

参考文献

安如，陆彩红，王慧麟，等，2018. 三江源典型区草地退化 Hyperion 高光谱遥感识别研究 [J]. 武汉大学学报，43（3）：399-405.

包明，何红霞，马小龙，等，2018. 化学氮肥与绿肥对麦田土壤细菌多样性和功能的影响 [J]. 土壤学报，55（3）：734-743.

毕江涛，贺达汉，2009. 植物对土壤微生物多样性的影响研究进展 [J]. 中国农学通报，25（9）：244-250.

曹成有，蒋德明，阿拉木萨，等，2000. 小叶锦鸡儿人工固沙区植被恢复生态过程的研究 [J]. 应用生态学报，10（3）：349-354.

曹成有，姚金冬，韩晓姝，等，2011. 科尔沁沙地小叶锦鸡儿固沙群落土壤微生物功能多样性[J]. 应用生态学报，22（9）：2 309-2 315.

曹永昌，杨瑞，刘帅，等，2017. 秦岭典型林分夏秋两季根际与非根际土壤微生物群落结构 [J]. 生态学报，37（5）：1 667-1 676.

曹子龙，郑翠玲，赵廷宁，等，2009. 补播改良措施对沙化草地植被恢复的作用 [J]. 水土保持研究，16（1）：90-92，97.

曾智科，2009. 三江源区高寒草地土壤微生物季节动态及对草地退化的响应 [D]. 西宁：青海师范大学.

陈国明，2005. 三江源地区"黑土滩"退化草地现状及治理对策 [J]. 四川草原（10）：37-39，44.

陈悦，吕光辉，李岩，2018. 独山子区优势草本植物根际与非根际土壤微生物功能多样性 [J]. 生态学报，38（9）：3 110-3 117.

程雨婷，2020. 围栏封育后我国草地植被与土壤恢复的 Meta 分析研究 [D]. 上海：华东师范大学.

褚海燕，2013. 高寒生态系统微生物群落研究进展 [J]. 微生物学通报，40（1）：123-136.

丛丽丽，康俊梅，张铁军，等，2017. 苜蓿镰刀菌根腐病病原菌的分离鉴定与致病性分析 [J]. 草地学报，25（4）：857-865.

董全民，尚占环，杨晓霞，2017. 三江源区退化高寒草地生产生态功能提升与可持续管理 [M]. 西宁：青海人民出版社.

董全民，赵新全，马玉寿，等，2006a. 放牧强度对江河源区垂穗披碱草（*Elymus natans*）/ 星星草（*Puccinellia tenuflora*）混播草地群落和高原鼠兔（*Ochotona curzoniae*）的影响 [J]. 西北农业学报，15（2）：28-33.

董全民，赵新全，马玉寿，等，2006b. 高寒小嵩草草甸牦牛优化放牧强度的研究 [J]. 西北植物学报，26：2 110-2 118.

董全民，赵新全，马玉寿，等，2012. 放牧对小嵩草草甸生物量及不同植物类群生长率和补偿效应的影响 [J]. 生态学报，32（9）：2 640-2 650.

董世魁，温璐，李媛媛，等，2015. 青藏高原退化高寒草地生态恢复的植物—土壤界面过程 [M]. 北京：科学出版社.

樊文涛，2019. 青藏高原牧民对草地退化的感知及行为应对 [D]. 兰州：兰州大学.

冯忠心，周娟娟，王欣荣，等，2013. 补播和划破草皮对退化亚高山草甸植被恢复的影响 [J]. 草业科学，30（9）：1 313-

1 319.

付刚，沈振西，2017. 放牧改变了藏北高原高寒草地土壤微生物群落 [J]. 草业学报，26（10）：170-178.

干珠扎布，2017. 模拟气候变化对高寒草地物候期、生产力和碳收支的影响 [D]. 北京：中国农业科学院研究院.

高凤，王斌，石玉祥，等，2017. 藏北古露高寒草地生态系统对短期围封的响应 [J]. 生态学报，37（13）：4 366-4 374.

高雪峰，武春燕，韩国栋，2010. 放牧对典型草原土壤中几种生态因子影响的研究 [J]. 干旱区资源与环境，2（4）：130-133.

苟燕妮，南志标，2015. 放牧对草地微生物的影响 [J]. 草业学报，24（10）：194-205.

顾峰雪，文启凯，潘伯荣，等，2000. 塔克拉玛干沙漠腹地人工植被下土壤微生物的初步研究 [J]. 生物多样性，8（3）：297-303.

顾梦鹤，王涛，杜国祯，2010. 施肥对高寒地区多年生人工草地生产力及稳定性的影响 [J]. 兰州大学学报（自然科学版），46（6）：59-63.

关松荫，1986. 土壤酶及其研究方法 [M]. 北京：中国农业出版社.

郭炜，2018. 西北地区冬小麦普通根腐病和茎基腐病病原鉴定及种质资源抗性筛选 [D]. 兰州：甘肃农业大学.

韩玉风，许志信，刘德福 . 1981. 干旱草原浅耕补播牧草试验 [J]. 内蒙古农牧学院学报（1）：53-58.

贺纪正，李晶，郑袁明，2013. 土壤生态系统微生物多样性——稳定性关系的思考 [J]. 生物多样性，21（4）：411-420.

贺金生，卜海燕，胡小文，等，2020a. 退化高寒草地的近自然恢复：理论基础与技术途径 [J]. 科学通报，65（34）：3 898-3 908.

贺金生，刘志鹏，姚拓，等，2020b. 青藏高原退化草地恢复的制约因子及修复技术 [J]. 科技导报，38（17）：66-80.

胡雷，王长庭，王根绪，等，2014. 三江源区不同退化演替阶段高寒草甸土壤酶活性和微生物群落结构的变化 [J]. 草业学报，23（3）：8-19.

黄世伟，1981. 土壤酶活性与土壤肥力 [J]. 土壤通报，8（4）：37-39.

姬超，颜玮，2013. 广义系统下中国草地资源的退化成因与可持续利用对策 [J]. 农业现代化研究，34（5）：538-542.

姬万忠，王庆华，2016. 补播对天祝高寒退化草地是被和土壤理化性质的影响 [J]. 草业科学，33（5）：886-890.

纪亚君，2011. 青海高寒地区人工草地建植的几点建议 [J]. 草业与畜牧（5）：27-30.

贾慎修，贾志海，史德宽，1989. 补播是改良退化草地的有效途径 [J]. 草业科学，6（6）：8-10.

蒋永梅，姚拓，李建宏，等，2016. 不同管理措施对高寒草甸土壤微生物量的影响研究 [J]. 草业学报，25（12）：35-43.

金轲，2020-11-10. "一刀切"围栏封育不利于草原恢复 [N]. 中国科学报（003）.

拉结加，2012. 关于冬虫夏草对草原生态环境保护及植被恢复影响的调查 [J]. 青海农牧业（2）：15-16.

李成阳，赖炽敏，彭飞，等，2019. 青藏高原北麓河流域不同退化程度高寒草甸生产力和群落结构特征 [J]. 草业科学，36（4）：1 044-1 052.

李飞，刘振恒，贾甜华，等，2018. 高寒湿地和草甸退化及恢

复对土壤微生物碳代谢功能多样性的影响 [J]. 生态学报，38
（17）：6 006-6 015.

李凤霞，王学琴，郭永忠，等，2011. 不同改良措施对银川平
原盐碱地土壤性质及酶活性的影响 [J]. 水土保持学报，25
（5）：107-111.

李海，朱春玲，安沙舟，等，2013. 不同建植期混播草地群落
特征的年际动态 [J]. 草业科学，30（3）：430-435.

李海英，彭红春，王启基，2004. 高寒矮嵩草草甸不同退化演
替阶段植物群落地上生物量分析 [J]. 草业学报，13（5）：
26-32.

李美君，2016. 围栏封育措施对草地植被动态变化的影响 [D].
北京：北京林业大学 .

李鹏，赵忠，2002. 植被根系与生态环境相互作用机制研究进
展 [J]. 西北林学院学报，17（2）：6-32.

李秋年，2004. 高寒草甸退化草地植物群落结构特征及物种多
样性的初步分析 [J]. 青海环境，14（1）：30-33.

李世卿，2014. 青藏高原东北边缘地区高寒草地土壤养分特征
对放牧利用的响应 [D]. 兰州：兰州大学 .

李未娟，2017. 生物农药防治草地蝗虫研究应用进展 [J]. 当代
畜牧（2）：70-71.

李欣玫，左易灵，薛子可，等，2018. 不同荒漠植物根际土壤
微生物群落结构特征 [J]. 生态学报，38（8）：2 855-2 863.

李亚娟，刘静，徐长林，等，2018. 不同退化程度对高寒草甸
土壤无机氮及脲酶活性的影响 [J]. 草业学报，27（10）：45-
53.

李以康，杜岩功，张正芝，等，2017. 种子补播恢复退化草地
研究进展 [J]. 草地学报，25（6）：1 171-1 177.

李以康，韩发，冉飞，等，2008. 三江源区高寒草甸退化对土壤养分和土壤酶活性影响的研究 [J]. 中国草地学报，30（4）：51–58.

李以康，张法伟，林丽，等，2012. 青海湖区紫花针茅草原封育导致土壤养分时空变化特征 [J]. 应用与环境生物学报，18（1）：23–29.

李志丹，2004. 川西北高寒草甸草地放牧退化演替研究 [D]. 成都：四川农业大学.

林先贵，2010. 土壤微生物研究原理与方法 [M]. 北京：高等教育出版社.

刘纪远，徐新良，邵全琴，2008. 近30年来青海三江源地区草地退化的时空特征 [J]. 地理学报，63（4）：364–376.

刘林山，2006. 黄河源地区高寒草地退化研究：以达日县为例 [D]. 北京：中国科学院研究生院.

刘艳，张泽华，王广军，2011. 草地蝗虫防治的经济阈值与生态阈值研究进展 [J]. 草业科学，28（2）：308–312.

刘义，陈劲松，刘庆，等，2006. 土壤硝化和反硝化作用及影响因素研究进展 [J]. 四川林业科技，27（2）：36–41.

刘勇，张雅雯，南志标，等，2016. 天然草地管理措施对植物病害的影响研究进展 [J]. 生态学报，36（14）：4 211–4 220.

刘玉，马玉寿，施建军，等，2013. 大通河上游高寒草甸植物群落的退化特征 [J]. 草业科学，30（7）：1 082–1 088.

刘育红，魏卫东，杨元武，等，2018. 高寒草甸退化草地植被与土壤因子关系冗余分析 [J]. 西北农业学报，27（4）：480–490.

柳小妮，孙九林，张德罡，等，2008. 东祁连山不同退化阶段高寒草甸群落结构与植物多样性特征研究 [J]. 草业学报，17

（4）：1–11.

龙瑞军，2007. 青藏高原草地生态系统之服务功能 [J]. 科技导报，25（9）：26–28.

卢虎，姚拓，李建宏，等，2015. 高寒地区不同退化草地植被和土壤微生物特性及其相关性研究 [J]. 草业学报，24（5）：34–43.

罗亚勇，张宇，张静辉，等，2012. 不同退化阶段高寒草甸土壤化学计量特征 [J]. 生态学杂志，31（2）：254–260.

吕晓英，吕晓蓉，2002. 青藏高原东北部牧区气候暖干化趋势及对环境和牧草生长的影响 [J]. 草业与畜牧（3）：5–13.

马文，邬海涛，2015. 雪山草甸在哭泣 青藏高原"毁容"悲歌 [J]. 环球人文地理（3）：42–51.

马玉寿，郎百宁，李青云，等，2002. 江河源区高寒草甸退化草地恢复与重建技术研究 [J]. 草业科学，19（9）：1–5.

牛得草，江世高，秦燕，等，2013. 围封与放牧对土壤微生物和酶活性的影响 [J]. 草业科学，30（4）：528–534.

牛磊，刘颖慧，李悦，等，2015. 西藏那曲地区高寒草地不同放牧方式下土壤微生物群落特征[J]. 应用生态学报，26（8）：2 298–2 306.

切排，刘玉芳，2013. 青藏牧区牧民在草地保护中的主体地位[J]. 贵州民族大学学报（5）：72–75.

任继周，2012. 草业科学论纲 [M]. 南京：江苏科学技术出版社.

任天志，2000. 持续农业中的土壤生物指标研究 [J]. 中国农业科学，33（1）：68–75.

尚占环，丁玲玲，龙瑞军，等，2007. 江河源区退化高寒草地土壤微生物与地上植被及土壤环境的关系 [J]. 草业学报，16（1）：34–40.

邵建飞，2009. 科尔沁退化草甸草地改良效果及其评价研究 [D]. 沈阳：东北大学.

沈海花，朱言坤，赵霞，等，2016. 中国草地资源的现状分析 [J]. 科学通报，61（2）：139–154.

石国玺，王文颖，蒋胜竞，等，2018. 黄帚橐吾种群扩张对土壤理化特性与微生物功能多样性的影响 [J]. 植物生态学报，42（1）：126–132.

斯贵才，袁艳丽，王建，等，2015. 围封对当雄县高寒草原土壤微生物和酶活性的影响 [J]. 草业科学，32（1）：1–10.

宋彩荣，王宁，彭文栋，等，2005. 补播对草地植被影响效果的研究进展 [J]. 畜牧与饲料科学，26：32–34.

苏淑兰，李洋，立亚，等，2014. 围封与放牧对青藏高原草地生物量与功能群结构的影响 [J]. 西北植物学报，34（8）：1 652–1 657.

苏玥，2019. 基于遥感的草地退化研究综述 [J]. 内蒙古科技与经济（6）：53–56.

孙浩智，2014. 青藏高原东缘高寒草甸不同管理方式下土壤酶活性的研究 [D]. 兰州：兰州大学.

孙磊，格桑拉姆，王向涛，等，2018. 藏北高寒退化草地免耕补播效果研究 [J]. 高原农业，2（2）：162–166，117.

孙前路，孙自保，刘天平，2014. 牧民草地生态保护认知与行为的实证分析：基于西藏 75 个自然村的实证分析 [J]. 干旱区资源与环境，28（8）：26–31.

孙世贤，卫智军，吕世杰，等，2013. 放牧强度季节调控下荒漠草原植物群落与功能群特征 [J]. 生态学杂志，32（10）：2 703–2 710.

孙云云，赵兰坡，2010. 土壤质量评价的生物指标及其相关性

研究进展 [J]. 中国农学通报，26（5）：116-120.

谈嫣蓉，杜国祯，陈懂懂，等，2012. 放牧对青藏高原东缘高寒草甸土壤酶活性及土壤养分的影响 [J]. 兰州大学学报，48（1）：86-91.

田春杰，陈家宽，钟扬，2003. 微生物系统发育多样性及其保护生物学意义 [J]. 应用生态学报，14（4）：609-612.

王丰，任灵玲，安婷婷，等，2020. 长期施肥对土壤中氨氧化细菌丰度和种群多样性的影响 [J]. 华南农业大学学报，39（1）：86-94.

王国杰，汪诗平，郝彦宾，等，2005. 水分梯度上放牧对内蒙古主要草原群落功能群多样性与生产力关系的影响 [J]. 生态学报，25（7）：1 649-1 656.

王启兰，王溪，王长庭，等，2010. 高寒矮嵩草草甸土壤酶活性与土壤性质关系的研究 [J]. 中国草地学报，32（3）：51-56.

王伟，徐成体，曾鹏，2017. 补播对高寒草甸生物量和养分的影响 [J]. 青海畜牧兽医杂志，47（6）：9-14.

王文颖，王启基，2001. 高寒嵩草草甸退化生态系统植物群落结构特征及物种多样性分析 [J]. 草业学报，10（3）：8-14.

王秀红，傅小锋，2004. 青藏高原高山草甸的可持续管理：忽视的问题与改变的建议 [J]. AMBIO—人类环境杂志（3）：153-154.

王秀红，郑度，1999. 西藏高原高寒草甸资源的可持续利用 [J]. 资源科学（6）：38-42.

王艳芬，陈佐忠，1998. 人类活动对锡林郭勒地区主要草原土壤有机碳分布的影响 [J]. 植物生态学报，22（6）：545-551.

王洋，2012. 不同退化程度下高寒草甸土壤有机碳及团聚体特

征研究 [D]. 南京：南京农业大学.

王一博，王根绪，沈永平，等，2005. 青藏高原高寒区草地生态环境系统退化研究 [J]. 冰川冻土，27（5）：633-640.

王玉琴，尹亚丽，李世雄，2019. 不同退化程度高寒草甸土壤理化性质及酶活性分析 [J]. 生态环境学报，28（6）：1 108-1 116.

王长庭，曹广民，王启兰，等，2007. 三江源地区不同建植期人工草地植被特征及其与土壤特征的关系 [J]. 应用生态学报，18（11）：2 426-2 431.

韦惠兰，祁应军，2016. 基于遥感监测的青藏高原草地退化及其人文驱动力分析 [J]. 草业科学，33（12）：2 576-2 586.

韦兰英，上官周平，2006. 黄土高原不同演替阶段草地植被细根垂直分布特征与土壤环境的关系 [J]. 生态学报，26（11）：3 740-3 748.

温军，周华坤，陈哲，等，2012. 不同退化程度高寒草甸主要植物的热值研究 [J]. 草业科学，29（9）：1 451-1 456.

吴金水，林启美，黄巧云，等，2006. 土壤微生物生物量测定方法及其应用 [M]. 北京：气象出版社.

修世萌，1993. 硫元素微生物地球化学研究及其地质意义 [J]. 化工地质，15（2）：101-106.

徐广平，2006. 东祁连山不同退化程度高寒草甸植被与土壤养分变化研究 [D]. 兰州：甘肃农业大学.

杨成德，龙瑞军，薛莉，等，2014. 东祁连山高寒草本草地土壤微生物量及酶的季节动态 [J]. 中国草地学报，36（2）：78-84.

杨青，2013. 高寒草地土壤理化性质及微生物量对放牧与施肥干扰的响应 [D]. 兰州：兰州大学.

杨万勤，王开运，2004. 森林土壤酶的研究进展 [J]. 林业科学，40（2）：152-159.

杨晓慧，2017. 青海省草地鼠害防治及高原鼢鼠食性研究 [D]. 兰州：兰州大学.

杨兴康，马克珠，五福秋泽，等，2018. 虫草采挖对草原畜牧业的影响和整改建议 [J]. 四川畜牧兽医，3：17-18.

杨亚东，张明才，胡君蔚，等，2017. 施氮肥对华北平原土壤氨氧化细菌和古菌数量及群落结构的影响 [J]. 生态学报，37（11）：3 636-3 646.

杨有芳，字洪标，刘敏，等，2017. 高寒草甸土壤微生物群落功能多样性对广布弓背蚁蚁丘扰动的响应 [J]. 草业学报，26（1）：43-53.

杨元武，李希来，周旭辉，等，2016. 高寒草甸植物群落退化与土壤环境特征的关系研究 [J]. 草地学报，24（6）：1 211-1 217.

杨增增，张春平，董全民，等，2018. 补播对中度退化高寒草地群落特征和多样性的影响 [J]. 草地学报，26（5）：1 071-1 077.

尹亚丽，李世雄，马玉寿，2020. 人工补播对退化高寒草甸土壤真菌群落特征的影响 [J]. 草地学报，28（6）：1 791-1 797.

尹亚丽，王玉琴，李世雄，等，2020. 补播对退化高寒草甸土壤性质及酶活性的影响 [J]. 青海畜牧兽医杂志，5（6）：1-6.

于健龙，石红霄，2011. 高寒草甸不同退化程度土壤微生物数量变化及影响因子 [J]. 西北农业学报，20（11）：77-81.

袁璐，吴文荣，黄必志，2012. 放牧强度对草地地下生物量影响的国内研究进展 [J]. 草业与畜牧（11）：57-62.

张法伟，王军邦，林丽，等，2014. 青藏高原高寒嵩草草甸植被群落特征对退化演替的响应 [J]. 中国农业气象，35（5）：504-510.

张明莉，常宏磊，马淼，2017. 基于 Biolog 技术的外来种意大利苍耳与本地种苍耳根际土壤微生物功能多样性的比较 [J]. 草业学报，26（10）：179-187.

张蕊，李飞，王媛，等，2018. 三江源区退化天然草地和人工草地生物量碳密度特征 [J]. 自然资源学报，33（2）：185-194.

张生楹，张德罡，柳小妮，等，2012. 东祁连山不同退化程度高寒草甸土壤养分特征研究 [J]. 草业科学，29（7）：1 028-1 032.

张镱锂，刘林山，摆万奇，等，2006. 黄河源地区草地退化空间特征 [J]. 地理学报，61（1）：3-14.

张英俊，周冀琼，杨高文，等，2020. 退化草原植被免耕补播修复理论与实践 [J]. 科学通报，65：1 546-1 555.

张永超，牛得草，韩潼，等，2012. 补播对高寒草甸生产力和植物多样性的影响 [J]. 草业学报，21（2）：305-309.

张于光，2005. 三江源国家自然保护区土壤微生物的分子多样性研究 [D]. 长沙：湖南农业大学.

张玉波，杜金鸿，李俊生，等，2017. 青藏高原生态系统发育与生物多样性 [J]. 科技导报，35（12）：14-18.

赵彬彬，牛克昌，杜国祯，2009. 放牧对青藏高原东缘高寒草甸群落 27 种植物地上生物量分配的影响 [J]. 生态学报，29（3）：1 596-1 606.

赵景学，祁彪，多吉顿珠，等，2011. 短期围栏封育对藏北类退化高寒草地群落特征的影响 [J]. 草业科学，28（1）：59-

62.

赵文，尹亚丽，李世雄，等，2020. 植被重建对黑土滩草地植被及微生物群落特征的影响 [J]. 生态环境学报，29（1）：71–80.

赵新全，周华坤，2005. 三江源区生态环境退化、恢复治理及其可持续发展 [J]. 中国科学院院刊，20（6）：471–476.

赵新全，2009. 高寒草地生态系统与全球变化 [M]. 北京：科学出版社.

赵新全，2011. 三江源区退化草地生态系统恢复与可持续管理 [M]. 北京：科学出版社.

赵亚丽，郭海斌，薛志伟，等，2015. 耕作方式与秸秆还田对土壤微生物数量、酶活性及作物产量的影响 [J]. 应用生态学报，26（6）：1 785–1 792.

赵玉红，魏学红，苗彦军，等，2012. 藏北高寒草甸不同退化阶段植物群落特征及其繁殖分配研究 [J]. 草地学报，20（2）：221–228.

赵云，陈伟，李春鸣，等，2009. 东祁连山不同退化程度高寒草甸土壤有机质含量及其与主要养分的关系 [J]. 草业科学，26（5）：20–25.

赵志平，吴晓莆，李果，等，2013. 青海三江源区果洛藏族自治州草地退化成因分析 [J]. 生态学报，33（20）：6 577–6 586.

周翰舒，杨高文，刘楠，等，2014. 不同退化程度的草地植被和土壤特征 [J]. 草业科学，31（1）：30–38.

周华坤，赵新全，周立，等，2005. 青藏高原高寒草甸的植被退化与土壤退化特征研究 [J]. 草业学报，14（3）：31–40.

周丽，张德罡，负旭江，等，2016. 退化高寒草甸植被与土壤

特征 [J]. 草业科学, 33（11）: 2 196–2 201.

朱宝文, 侯俊岭, 严德行, 等, 2012. 草甸化草原优势牧草冷地早熟禾生长发育对气候变化的响应 [J]. 生态学杂志, 31（6）: 1 525–1 532.

朱立博, 曾昭海, 赵宝平, 等, 2008. 春季休牧对草地植被的影响 [J]. 草地学报, 16: 278–282.

朱宁, 王浩, 宁晓刚, 等, 2020. 草地退化遥感监测研究进展 [EB/OL]. 测绘科学, https: //kns.cnki.net/kcms/detail/11.4415. P.20200618.0902.002.html

字洪标, 胡雷, 阿的鲁骥, 等, 2015. 不同退化演替阶段高寒草甸群落根土比和土壤理化特征分布格局 [J]. 草地学报, 23（6）: 1 151–1 160.

ABD–ALLA M H, 1994. Use of organic phosphorus by *Rhizobium leguminosarum* biovar viceae phosphatases[J]. Biology and Fertility of Soils, 18: 216–218.

ACIEGO PIETRI J C, BROOKES P C, 2008. Nitrogen mineralisation along a pH gradient of a silty loam UK soil[J]. Soil Biology & Biochemistry, 40: 797–802.

ALLISON S D, WALLENSTEIN M D, BRADFORD M A, 2010. Soil carbon response to warming dependent on microbial physiology[J]. Nature Geoscience, 3: 336–340.

AN H, LI G Q, 2015. Effects of grazing on carbon and nitrogen in plants and soils in a semiarid desert grassland, China[J]. Journal of Arid Land, 7: 341–349.

ANDERSSON S, NILSSON I, SAETRE P, 2000. Leaching of dissolved organic carbon（DOC）and dissolved organic nitrogen（DON）in moor humus as affected by temperature and pH[J]. Soil Biology & Biochemistry, 32: 1–10.

AON M A, COLANERI A C, 2001. Temporal and spatial evolution of enzymatic activities and physicochemical properties in an agricultural soil II [J]. Applied Soil Ecology, 18: 255–270.

AYTEN K, SEMA C C, OGUZ C T, et al., 2010. Soil enzymes as indication of soil quality[J]. Soil Enzymology, 22: 119–148.

BAHRAM M, POLME S, KOLJALG U, et al., 2012, Regional and local patterns of ectomycorrhizal fungal diversity and community structure along an altitudinal gradient in the Hyrcanian forests of northern Iran[J]. New Phytologist, 193: 465–473.

BRACKIN R, ROBINSON N, LAKASHMANAN P, et al., 2013. Microbial function in adjacent subtropical forest and agricultural soil[J]. Soil Biology & Biochemistry, 57 (3): 68–77.

BREKKE K A, KSENDAL B, et al., 2007. The effect of climate variations on the dynamics of pasture–livestock interactions under cooperative and noncooperative management[J]. Proceedings of the National Academy of Sciences, 104 (37): 14 730–14 734.

BRELAND T A, HANSEN S, 1996. Nitrogen mineralization and microbial biomass as affected by soil compaction[J]. Soil Biology & Biochemistry, 28: 655–663.

BRITTO D T, KRONZUCKER H J, 2002. NH_4^+ toxicity in higher plants: A critical review[J]. Journal of plant physiology, 159: 567–584.

BROCHIER C, PHILIPPE H, 2002. Phylogeny: A non-hyperthermophilic ancestor for Bacteria[J]. Nature, 417: 244.

BRONICK C J, LAL R, 2005. Soil structure and management: a review[J]. Geoderma, 124: 3-22.

BROOKE B O, JILL S B, MATTHEW D W, 2016. Moisture and temperature controls on nitrification differ among ammonia oxidizer communities from three alpine soil habitats[J]. Frontiers of Earth Science, 10 (1): 1-12.

BRYANT D A, FRIGAARD N U, 2006. Prokaryotic photosynthesis and phototrophy illuminated[J]. Trends Microbiology, 14 (11): 488-496.

CARNEY K M, HUNGATE B A, DRAKE B G, et al., 2007. Altered soil microbial community at elevated CO_2 leads to loss of soil carbon[J]. PNAS, 104: 4 990-4 995.

CHEN C R, CONDRON L M, DAVIS M R, et al., 2004. Effects of plant species on microbial biomass phosphorus and phosphatase activity in a range of grassland soils[J]. Biology & Fertility of Soils, 40: 313-322.

CHEN X Y, DANIELL T J, NEILSON R, et al., 2014. Microbial and microfaunal communities in phosphorus limited, grazed grassland change composition but maintain homeostatic nutrient stoichiometry[J]. Soil Biology & Biochemistry, 75: 94-101.

CHEN Y L, DENG Y, DING J Z, et al., 2017. Distinct microbial communities in the active and permafrost layers on the Tibetan Plateau[J]. Molecular Ecology, 26 (23): 6 608-6 620.

CHEN Y L, DING J Z, PENG Y F, et al., 2016. Patterns and drivers of soil microbial communities in Tibetan alpine and global terrestrial ecosystems[J]. Journal of Biogeography, 43: 2 027–2 039.

CINGOLANI A M, NOY–MEIR I, DÍAZ S, 2005. Grazing effects on rangeland diversity, a synthesis of contemporary models[J]. Ecological Applications, 15: 757–773.

CLAUDIO D, 2018. The consequences of soil degradation in China: a review[J]. GeoScape, 12（2）: 92–103.

CLEVELAND C C, LIPTZIN D, 2007. C : N : P stoichiometry in soil: Is there a "Redfield ratio" for the microbial biomass? [J]. Biogeochemistry, 85: 235–252.

COOKSON W R, MURPHY D V, ROPER M M, 2008. Characterizing the relationship between soil organic matter components and microbial function and composition along a tillage disturbance gradient[J]. Soil Biology & Biochemistry, 40（3）: 763–777.

CUI Y X, BING H J, FANG L C, et al., 2019. Diversity patterns of the rhizosphere and bulk soil microbial communities along an altitudinal gradient in an alpine ecosystem of the eastern Tibetan Plateau[J]. Geoderma, 338: 118–127.

DARI K, BÉCHET M, BLONDEAU R, 1995. Isolation of soil streptomyces strains capable of degrading humic acids and analysis of their peroxidase activity[J]. FEMS Microbiology Ecology, 16（2）: 115–122.

DELMONT T O, QUINCE C, SHAIBER A, et al., 2018. Nitrogen–fixing populations of Planctomycetes and

Proteobacteria are abundant in surface ocean metagenomes[J]. Nature Microbiology, 3: 804-813.

DONG S, SHANG Z, GAO J, et al., 2020. Enhancing sustainability of grassland ecosystems through ecological restoration and grazing management in an era of climate change on Qinghai-Tibetan Plateau[J]. Agriculture, Ecosystem and Environment, 287: 106 684.

EICHORST S A, TROJAN D, ROUX S, et al., 2108. Genomic insights into the Acidobacteria reveal strategies for their success in terrestrial environments[J]. Environmental Microbiology, 20: 1 041-1 063.

EL-GHOLL N E, MCRITCHIE J J, SCHOULTIES C L, et al.. 1978. The identification, induction of perithecia and pathogenicity of *Gibberella* (Fusarium) *tricitrctan* sp[J]. Canada Journal of botany, 56: 2 203-2 206.

ELLIOTT E T, VALENTINE D W, WILLIAMS S A, 2001. Carbon and nitrogen dynamics in elk winter ranges[J]. Journal of Range Management, 54: 400-408.

FAN J W, SHAO Q Q, LIU J Y, 2010. Assessment of effects of climate change and grazing activity on grassland yield in the TRHR of Qinghai-Tibet Plateau, China[J]. Environmental Monitoring and Assessment, 170: 571-584.

FANG D X, ZHAO G, XU X Y, et al., 2018. Microbial community structures and functions of wastewater treatment systems in plateau and cold regions[J]. Bioresource Technology, 249: 684-693.

FIERER N, JACKSON R B, 2006. The diversity and

biogeography of soil bacterial communities[J]. PNAS, 103: 626–631.

FISK M C, RUETHER K F, YAVITT J B, 2003. Microbial activity and functional composition among northern peatland ecosystems[J]. Soil Biology & Biochemistry, 35（4）: 591–602.

Ge G F, Li Z J, FAN F L, et al., 2010. Soil biological activity and their seasonal variations in response to longterm application of organic and inorganic fertilizers[J]. Plant Soil, 326: 31–44.

GERENDAS J, ZHU Z, BENDIXEN R, et al., 1997. Physiological and biochemical processes related to ammonium toxicity in higher plants[J]. Journal of Plant Nutrition and Soil Science , 160（2）: 239–251.

GLENN J K, GOLD M H, 1985. Purification and characterization of an extracellular Mn（Ⅱ）-dependent peroxidase from the *Lignindegrading basidiomycetes*, *Phancerochaete chrysosporium*[J]. Archives of Biochemistry &Biophysics, 242（2）: 329–341.

GREGORY A S, RITZ K, MCGRATH S P, et al., 2015. A review of the impacts of degradation threats on soil properties in the UK[J]. Soil Use and Management, 31（Suppl.1）: 1–15.

GREGORY A S, WATTS C W, GRIFFITHS B S, et al., 2009. The effect of long–term soil management on the physical and biological resilience of a range of arable and grassland soils in England[J]. Geoderma, 153: 172–185.

HANSON P J, EDWARDS N T, GARTEN C T, et al., Separating root and soil microbial contributions to soil respiration: A review of methods and observations[J]. Biogeochemistry, 2000, 48: 115-146.

HE D, XIANG X J, HE J S, et al., 2016. Composition of the soil fungi community is more sensitive to phosphorus than nitrogen addition in the alpine meadow on the Qinghai-Tibetan plateau[J]. Biology & Fertility of Soils, 52: 1 059-1 072.

HOBBS N T,1996. Modification of ecosystems by ungulates[J]. Journal of wildlife management, 60（4）: 695-713.

HOOPER D U, BIGNELL D E, BROWN V K, et al., 2000. Interactions between aboveground and belowground biodiversity in terrestrial ecosystems: patterns, mechanisms, and feedbacks[J]. BioScience, 50: 1 049-1 061.

HU Y J, VERESOGLOU S D, TEDERSOOE L, et al., 2019. Contrasting latitudinal diversity and co-occurrence patterns of soil fungi and plants in forest ecosystems[J]. Soil Biology & Biochemistry, 131: 100-110.

HU Y J, XIANG D, VERESOGLOU S D, et al., 2014. Soil organic carbon and soil structure are driving microbial abundance and community composition across the arid and semi-arid grasslands in northern China[J]. Soil Biology & Biochemistry, 77: 51-57.

IPCC, 2018. Special report on global warming of 1.5℃ [M]. UK: Cambridge University Press.

JORDAN D, PONDER F, HUBBARD V C, 2003. Effects of soil compaction, forest leaf litter and nitrogen fertilizer on two oak species and microbial activity[J]. Applied Soil Ecology, 23:

33-41.

JULIET P M, LYNNE B, RANDERSON P F, 2001. Analysis of microbial community functional diversity using sole-carbon-source utilization profiles a critique[J]. Microbiology Ecology, 42（1）: 1-14.

JUN S R, SIMS G E, WU G A, et al., 2010. Whole-proteome phylogeny of prokaryotes by feature frequency profiles: An alignment-free method with optimal feature resolution[J]. PNAS, 107（1）: 133-138.

KANDELER E, LUXHOI J, TSCHERKO D, et al., 1999. Xylanase, invertase and protease at the soil-litter interface of a loamy sand[J]. Soil Biology & biochemistry, 31（8）: 1 171-1 179.

KEMMITT S J, WRIGHT D, GOULDING K W T, et al., 2006. pH regulation of carbon and nitrogen dynamics in two agricultural soils[J]. Soil Biology & biochemistry, 38: 898-911.

KEMMITT S J, WRIGHT D, JONES D L, 2005. Soil acidification used as a management strategy to reduce nitrate losses from agricultural land[J]. Soil Biology & biochemistry, 37: 867-875.

KOHLER F, HAMELIN J, GILLET F, et al., 2005. Soil microbial community changes in wooded mountain pastures due to simulated effects of cattle grazing[J]. Plant soil, 278（1-2）: 327-340.

KOTZE E, SANDHAGE H A, AMELUNG W, et al., 2017. Soil microbial communities in different rangeland management systems of a sandy savanna and clayey grassland ecosystem, South Africa[J]. Nutrient Cycling in Agroecosystems, 107: 227–245.

KOWALCHUK G A, BUMAD S, DEBOER W, et al., 2002. Effects of above-ground plant species composition and diversity on the diversity of soil-borne microorganisms[J]. Antonic van Leeuwenhoek, 81: 509–520.

KRUPA S V, 2003. Effects of atmospheric ammonia (NH_3) on terrestrial vegetation: a review[J]. Environmental Pollution, 124 (2): 179–221.

LI Q, MAYZLISH E, SHAMIR I, et al., 2005. Impact of grazing on soil biota in Mediterranean grassland[J]. Land Degradation & Development, 16: 581–592.

LI W, HUANG H Z, ZHANG Z N, et al., 2011. Effects of grazing on the soil properties and C and N storage in relation to biomass allocation in an alpine meadow[J]. Journal of Soil Science and Plant Nutrition, 11 (4): 27–39.

LI Y M, WANG S P, JIANG L L, et al., 2016. Changes of soil microbial community under different degraded gradients of alpine meadow[J]. Agriculture, Ecosystems & Environment, 222: 213–222.

LIN B, ZHAO X, ZHENG Y, et al., 2017. Effect of grazing intensity on protozoan community, microbial biomass, and enzyme activity in an alpine meadow on the Tibetan Plateau[J]. Journal of Soils and Sediments, 17: 1–11.

LIU F, WANG S, LIU X, et al., 2009. Changes of soil enzyme activities in the process of karst forest degradation in Southwest

China[C]. Hangzhou: International symposium of molecular environmental soil science at the interfaces in the Earth's critical zone: 323-324.

LIU L S, ZHANG Y L, BAI W Q, et al., 2006. Characteristics of grassland degradation and driving forces in the source region of the Yellow River from 1985 to 2000[J]. Journal of Geographical Sciences, 16（2）: 131-142.

LU S B, ZHANG Y J, CHEN C R, et al., 2017. Plant-soil interaction affects the mineralization of soil organic carbon: evidence from 73-year-old plantations with three coniferous tree species in subtropical Australia[J]. Journal of Soils and Sediments, 17: 985-995.

MCNAUGHTON S J,1983. Compensatory plant growth as a response to herbivory[J]. Oikos, 40: 329-336.

MIEHE G, MIEHE S, KAISER K, et al., 2008. Status and dynamics of the Kobresia pygmaea ecosystem on the Tibetan Plateau[J]. Ambio, 37（4）: 272-279.

MILLARD P, SINGH B K, 2010. Does grassland vegetation drivesoil microbial diversity? [J]. Nutrient Cycling in Agroecosystems, 88: 147-158.

MOHAMMAD B, FALK H, SOFIA K F, et al., 2018. Structure and function of the global topsoil microbiome[J]. Nature, 560: 233-257.

NASEBY D C, PASCUAL J A, LYNCH J M, 2000. Effect of biocontrol strains of Trichoderma on plant growth, Pythium ultimum populations, soil microbial communities and soil enzyme activities[J]. Journal of Applied Microbiology, 88:

161–169.

NEWSHAM K K, HOPKINS D W, CARVALHAIS L C, et al., 2016. Relationship between soil fungal diversity and temperature in the maritime Antarctic[J]. Nature Climate Change, 6: 182–186.

NIU K, HE J-S, ZHANG S, et al., 2016. Grazing increases functional richness but not functional divergence in Tibetan alpine meadow plant communities[J]. Biodiversity & Conservation, 25 (12): 2 441–2 452.

NIXON S L, DALY R A, BORTON M A, et al., 2019. Genome-Resolved Metagenomics Extends the Environmental Distribution of the Verrucomicrobia Phylum to the Deep Terrestrial Subsurface[J]. mSphere, 4 (6): 1–18.

PAUL E A, CLARK F E, 1989. Soil microbiology and biochemistry[M]. San Diego: Academic Press.

PEAY K G, BARALOTO C, FINE P V A, 2013. Strong coupling of plant and fungal community structure across western Amazonian rainforests[J]. Isme Journal, 7: 1 852–1 861.

PEAY K G, KENNEDY P G, TALBOT J M, 2016. Dimensions of biodiversity in the Earth mycobiome[J]. Nature Reviews Microbiology, 14: 434–447.

PROBER S M, LEFF J W, BATES S T, et al., 2015. Plant diversity predicts beta but not alpha diversity of soil microbes across grasslands worldwide[J]. Ecology Letters, 18: 85–95.

QI S, ZHENG H, LIN Q, et al., 2011. Effects of livestock grazing intensity on soil biota in a semiarid steppe of Inner Mongolia[J]. Plant Soil, 340: 117–126.

QUAST C, PRUESSE E, YILMAZ P, et al., 2013. The SILVA ribosomal RNA gene database project: improved data processing and web-based tools[J]. Nucleic Acids Research, 41: 590-596.

RAIESI F, BEHESHTI A, 2014. Soil C turnover, microbial biomass and respiration, and enzymatic activities following rangeland conversion to wheat-alfalfa cropping in a semiarid climate[J]. Environmental Earth Science, 72: 5 073-5 088.

REEDER J D, SCHUMAN G E, 2002. Influence of livestock grazing on C sequestration in semi-arid mixedgrass and shortgrass rangelands[J]. Environmental Pollution, 16: 457-463.

REN H, SHEN W J, LU H F, et al., 2007. Degraded ecosystems in China: status, causes and restoration efforts[J]. Landscape & Ecological Engineering, 3 (1): 1-13.

ROBERTSON K, KLEMEDTSSON L. 1996. Assessment of denitrification in organogenic forest soil by regulating factors[J]. Plant Soil, 178: 49-57.

ROUSK J, BROOKES P C, BAATH E, 2009. Contrasting soil pH effects on fungal and bacterial growth suggest functional redundancy in carbon mineralization[J]. Applied and Environmental, Microbiology, 75: 1 589-1 596.

RUI Y C, WANG S P, XU Z H, et al., 2011. Warming and grazing affect soil labile carbon and nitrogen pools differently in an alpine meadow of the Qinghai-Tibet Plateau in China[J]. Journal of Soils and Sediments, 11: 903-914.

RUITER P C D, VEEN J AV, MOORE J C, et al., 1993.

Calculation of nitrogen mineralization in soil food webs[J]. Plant soil, 157: 263-273.

SCHMIDT M W I, ORN MS, BIVEN S, et al., 2011. Persistence of soil organic matter as an ecosystem property[J]. Nature, 478: 49-56.

SORENSEN L H, MIKOLA J, KYTÖVIITA M M, et al., 2009. Trampling and spatial heterogeneity explain decomposer abundances in a sub-arctic grassland subjected to simulated reindeer[J]. Grazing Ecosystems, 12: 830-842.

SUN H, WU Y, YU D, et al., 2013. Altitudinal gradient of microbial biomass phosphorus and its relationship with microbial biomass carbon, nitrogen, and rhizosphere soil phosphorus on the eastern slope of Gongga Mountain, SW China[J]. Plos one, 8 (9): 1-10.

TEDERSOO L, BAHRAM M, POLME S, et al., 2014. Fungal biogeography: Global diversity and geography of soil fungi[J]. Science, 346 (6213): 1 256 688.

TOJU H, GUIMARAES P R, OLESEN J M, et al., 2014. Assembly of complex plant-fungus networks[J]. Nature Communications, 5: 5 273.

VAN DER MEIJ A, WORSLEY S F, HUTCHINGS M I, et al, 2017. Chemical ecology of antibiotic production by actinomycetes[J]. FEMS Microbiology Reviews, 41 (3): 392-416.

VAZQUEZ M M, CESAR S, AZCON R, et al., 2000. Interactions between arbuscular mycorrhizal fungi and other microbial inoculants (Azospirillum, Pseudomonas,

Trichoderma) and their effects on microbial population and enzyme activities in the rhizosphere of maize plants[J]. Applied Soil Ecology, 15: 261–272.

VORISKOVA J, BALDRIAN P, 2013. Fungal community on decomposing leaf litter undergoes rapid successional changes[J]. The International Society for Microbial Ecology, 7: 477–486.

WANG J F, WANG G X, HU H C, et al., 2010. The Influence of Degradation of the Swamp and Alpine Meadows on CH_4 and CO_2 Fluxes on the Qinghai–Tibetan Plateau[J]. Environmental Earth Science, 60: 537–548.

WANG M M, WANG S P, WU L W, et al., 2016. Evaluating the lingering effect of livestock grazing on functional potentials of microbial communities in Tibetan grassland soils[J]. Plant Soil, 407: 385–399.

WARDLE D A,1992. A comparative assessment of factors which influence microbial biomass carbon and nitrogen levels in soil[J]. Biological Reviews, 67（3）: 321–358.

WARDLE D A,1998. Controls of temporal variability of the soil microbial biomass: a global–scale synthesis[J]. Soil Biology & Biochemistry, 30（13）: 1 627–1 637.

WILLIAMS P H, HAYNES R J,1990. Influence of improved pastures and grazing animals on nutrient cycling within New Zealand soils[J]. New Zealand Journal of Ecology, 14: 49–57.

WU G L, LIU Z H, ZHANG L, et al., 2010. Long–term fencing improved soil properties and soil organic carbon storage in an alpine swamp meadow of western China[J]. Plant and Soil, 332: 331–337.

WU G L, REN G H, DONG Q M, et al., 2014. Above and belowground response along degradation gradient in an alpine grassland of the Qinghai-Tibetan plateau[J]. Clean Soil Air Water, 42 (3): 319-323.

WU R G, TIESSEN H, Chen Z, 2008. The Impacts of Pasture Degradation on Soil Nutrients and Plant Compositions in Alpine Grassland, China[J]. Jounal of Food Agriculture & Environment Science, 2: 1-14.

XIANG X J, GIBBONS S M, Li H, et al., 2018. Shrub encroachment is associated with changes in soil bacterial community composition in a temperate grassland ecosystem[J]. Plant Soil, 425: 1-13.

XU H J, WANG X P, ZHANG X X, 2107. Impacts of climate change and human activities on the aboveground production in alpine grasslands: a case study of the source region of the Yellow River, China[J]. Arabian Journal of Geosciences, 10: 17.

XU X F, THORNTON P E, POST W M, 2013. A global analysis of soil microbial biomass carbon, nitrogen and phosphorus in terrestrial ecosystems[J]. Global Ecology and Biogeography, 22: 737-749.

XUE X, GUO J, HAN BSA, et al., 2009. The effect of climate warming and permafrost thaw on desertification in the Qinghai-Tibetan Plateau[J]. Geomorphology, 108 (3): 182-190.

YANG T, ADAMS JM, SHI Y, et al., 2017. Soil fungal diversity in natural grasslands of the Tibetan Plateau: associations with plant diversity and productivity[J]. New Phytologist, 215: 756-765.

YANG Y D, WANG Z M, HU Y G, et al., 2017. Irrigation frequency alters the abundance and community structure of ammonia–oxidizing archaea and bacteria in a northern Chinese upland soil[J]. European Journal of Soil Biology, 83: 34–42.

YANG Y F, WU L W, LIN Q Y, et al., 2013. Responses of the functional structure of soil microbial community to livestock grazing in the Tibetan alpine grassland[J]. Global Change Biology, 19（2）: 637–648.

YANG Y H, FANG J Y, GUO D L, et al., 2010. Vertical patterns of soil carbon, nitrogen and carbon: Nitrogen stoichiometry in Tibetan grasslands[J]. Biogeosciences Discussions, 7: 1–24.

YANG Y H, FANG J Y, SMITH P T, et al., 2009. Changes in topsoil carbon stock in the Tibetan grasslands between the 1980s and 2004[J]. Global Change Biology, 15: 2 723–2 729.

YANG Y S, LI H Q, ZHANG L, et al., 2016. Characteristics of soil water percolation and dissolved organic carbon leaching and their response to long–term fencing in an alpine meadow on the Tibetan Plateau[J]. Environmental Earth Sciences, 75（23）: 1 471.

YAO Z Y, ZHAO C Y, YANG K S, et al., 2016. Alpine grassland degradation in the Qilian Mountains, China –A case study in Damaying Grassland[J]. Catena, 137: 494–500.

YERGEAU E, HOQUES H, WHYTE L G, et al., 2010. The functional potential of high Arctic permafrost revealed by metagenomic sequencing, qPCR and microarray analyses[J]. ISME Journal, 4: 1 206–1 214.

ZAMIOUDIS C, PIETERSE C M, 2012. Modulation of host immunity by beneficial microbes[J]. Molecular Plant Microbe Interations, 25: 139–50.

ZEILINGER S, GUPTA V K, DAHMS T E, et al., 2016. Friends or foes? Emerging insights from fungal interactions with plants[J]. FEMS Microbiology Reviews, 40: 182–207.

ZHANG W, WU X K, LIU G X, et al., 2014. Tag-encoded pyrosequencing analysis of bacterial diversity within different alpine grassland ecosystems of the Qinghai–Tibet Plateau, China[J]. Environmental Earth Sciences, 72: 779–786.

ZHANG Y, CAO C Y, PENG M, et al., 2014. Diversity of nitrogen–fixing, ammonia–oxidizing and denitrifying bacteria in biological soil crusts of a revegetation area in Horqin Sandy Land, Northeast China[J]. Ecological Engineering, 71: 71–79.

ZHOU H, ZHANG D G, JIANG Z H, et al., 2019. Changes in the soil microbial communities of alpine steppe at Qinghai-Tibetan plateau under different degradation levels[J]. Science of the Total Environment, 651: 2 281-2 291.

ZHOU H K, ZHAO X Q, TANG Y H, et al., 2005. Alpine grassland degradation and its control in the source region of the Yangtze and Yellow Rivers, China[J]. Japanese Society of Grassland Science, 51: 191-203.

ZHOU J Z, XUE K, XIE J P, et al., 2012. Microbial mediation of carbon–cycle feedbacks to climate warming[J]. Nat Clim Chang, 2 (2): 106-110.